線形代数学20講

数学・基礎教育研究会 編著

朝倉書店

———【数学・基礎教育研究会】———

天 野 一 男　群馬大学工学部

天 羽 雅 昭　群馬大学工学部

宇 内　 泰　足利工業大学

小 竹 義 朗　群馬大学教育学部

小 林 文 夫　群馬大学工学部

瀬 山 士 郎　群馬大学教育学部

都 丸　 正　群馬大学医学部

福 島　 博　群馬大学教育学部

柳 井 久 江　埼玉大学理学部

渡 辺 秀 司　群馬大学工学部

(五十音順)

まえがき

本書は数学の授業内容について相談する機会の多い人達の集まり：数学・基礎教育研究会による線形代数学の基礎的教科書です．

学生諸君の学習経験が多様化しているので，テーマの選択と記述レベルの判断がむずかしいですが，予備知識をできるだけ仮定しないでまとめるように努力しました．

内容は1・2章が10節，3・4章が12節からなり，前期・後期それぞれ90分の講義10講ずつ合計20講義分と数回の演習で構成されています．

テーマの選択や記述などについてご意見をいただければ幸いです．

2003年1月

執筆者一同

目　　　次

1.　行　　　列 ……………………………………… 1
　1.1　行列の演算 ……………………………………… 1
　1.2　いろいろな行列 ……………………………………… 9
　1.3　行列の基本変形と連立方程式 ……………………………………… 12
　1.4　行列の基本変形と逆行列 ……………………………………… 19

2.　行　列　式 ……………………………………… 27
　2.1　行列式の定義 ……………………………………… 27
　2.2　行列式の基本定理（Ⅰ） ……………………………………… 34
　2.3　行列式の基本定理（Ⅱ） ……………………………………… 41
　2.4　行列式の展開 ……………………………………… 47
　2.5　行列式の応用（Ⅰ） ……………………………………… 53
　2.6　行列式の応用（Ⅱ） ……………………………………… 63

3.　ベクトル空間 ……………………………………… 73
　3.1　ベクトルの1次独立性 ……………………………………… 73
　3.2　1次独立性と階数 ……………………………………… 80
　3.3　ベクトルの内積 ……………………………………… 86
　3.4　ベクトル空間 ……………………………………… 92
　3.5　1 次 変 換 ……………………………………… 100
　3.6　基底の変換 ……………………………………… 108

4.　行列の対角化 ……………………………………… 116
　4.1　固　有　値 ……………………………………… 116

4.2 固有ベクトル ……………………………… 124
4.3 行列の対角化（I） ……………………………… 133
4.4 行列の対角化（II） ……………………………… 141
4.5 2 次 形 式 ……………………………… 150
4.6 2 次形式の応用 ……………………………… 159

索　　引 ……………………………… 165

1

行　　　　列

1.1　行 列 の 演 算

この章では行列の定義，演算および基本的な性質，特別な行列について学ぶ．

行列の定義

$m \times n$ 個の数や文字，関数などを，以下のように横 m 行，縦 n 列に並べた

$$\begin{pmatrix} a_{11} & a_{12} & \cdots & a_{1n} \\ a_{21} & a_{22} & \cdots & a_{2n} \\ \vdots & \cdots & \cdots & \vdots \\ a_{m1} & a_{m2} & \cdots & a_{mn} \end{pmatrix}$$

を $m \times n$ **行列**という．この行列を A などと，大文字で表す．A の上から第 i 行目，左から第 j 列目にある a_{ij} を (i, j) **成分**という．行列を (i, j) 成分を使って，簡単に (a_{ij}) などと表すこともある．また，$1 \times n$ 行列 $(a_1, a_2, \cdots, a_n)$ を n 次**行ベクトル**，$m \times 1$ 行列 $\begin{pmatrix} a_1 \\ a_2 \\ \vdots \\ a_m \end{pmatrix}$ を m 次**列ベクトル**という．また，1×1 行列 (a_{11}) はスカラーといい，通常の数と同一視される．

行列の相等

2 つの $m \times n$ 行列 $A = (a_{ij}), B = (b_{ij})$ は，すべての i, j について $a_{ij} = b_{ij}$

であるとき，$A=B$ であると定義し，A と B は等しいという．また，行と列の個数が等しい行列（つまり，$n\times n$ 行列）を，n 次**正方行列**という．

行列の和と差

$A=(a_{ij}), B=(b_{ij})$ を $m\times n$ 行列とするとき，$i=1,2,\cdots,m$, $j=1,2,\cdots,n$ について，$a_{ij}+b_{ij}$ を (i,j) 成分とする行列を A,B の和といい，$A+B$ で表す．よって $A+B=(a_{ij}+b_{ij})$ となる．行列を A,B の差 $A-B$ も同様に定義できる．ただし，それらは A も B も同一の形（両者の行と列の個数がそれぞれ等しい）のときにのみ定義される:

$$\begin{pmatrix} a_{11} & \cdots & a_{1n} \\ \vdots & \cdots & \vdots \\ a_{m1} & \cdots & a_{mn} \end{pmatrix} \pm \begin{pmatrix} b_{11} & \cdots & b_{1n} \\ \vdots & \cdots & \vdots \\ b_{m1} & \cdots & b_{mn} \end{pmatrix} = \begin{pmatrix} a_{11}\pm b_{11} & \cdots & a_{1n}\pm b_{1n} \\ \vdots & \cdots & \vdots \\ a_{m1}\pm b_{m1} & \cdots & a_{mn}\pm b_{mn} \end{pmatrix}$$

行列のスカラー倍

また，$m\times n$ 行列 $A=(a_{ij})$ と数 k の積を，$kA=(ka_{ij})$ で定義する．これらの定義から次の性質が成り立つことがわかる．

定理 1 (1) $A+B=B+A$, (2) $A+(B+C)=(A+B)+C$, (3) $(k+l)A=kA+lA$, (4) $k(A+B)=kA+kB$

行列の積

$A=(a_{ij})$ を $m\times l$ 行列，$B=(b_{ij})$ を $l\times n$ 次の行列とするとき，$i=1,2,\cdots,m$, $j=1,2,\cdots,n$ について，$c_{ij}=\sum_{k=1}^{l} a_{ik}b_{kj}$ とする．この c_{ij} を (i,j) 成分とする行列を行列 A,B の積といい，AB で表す AB は $m\times n$ 行列となる．ただし，A の列の個数と B の行の個数が同じである場合にのみ積 AB は定義される:

$$\begin{pmatrix} a_{11} & \cdots & a_{1l} \\ \vdots & \cdots & \vdots \\ a_{m1} & \cdots & a_{ml} \end{pmatrix} \begin{pmatrix} b_{11} & \cdots & b_{1n} \\ \vdots & \cdots & \vdots \\ b_{l1} & \cdots & b_{ln} \end{pmatrix}$$

$$= \begin{pmatrix} \sum_{k=1}^{l} a_{1k}b_{k1} & \cdots & \sum_{k=1}^{l} a_{1k}b_{kn} \\ \vdots & \cdots & \vdots \\ \sum_{k=1}^{l} a_{mk}b_{k1} & \cdots & \sum_{k=1}^{l} a_{mk}b_{kn} \end{pmatrix}$$

【例 1】 $A = \begin{pmatrix} 1 & 2 & 3 \\ 2 & -1 & 1 \end{pmatrix}$, $B = \begin{pmatrix} 1 & 5 \\ 0 & -1 \\ 2 & 3 \end{pmatrix}$ について,

$AB = \begin{pmatrix} 7 & 12 \\ 4 & 14 \end{pmatrix}$, $BA = \begin{pmatrix} 11 & -3 & 8 \\ -2 & 1 & -1 \\ 8 & 1 & 9 \end{pmatrix}$ となる.

行列の積について，次の規則が成り立つ.

> **定理 2** (1) $(AB)C = A(BC)$, (2) $A(B + C) = AB + AC$,
> (3) $(A + B)C = AC + BC$, (4) $(kA)B = A(kB)$=k(AB)

【例 2】 $A = \begin{pmatrix} 1 & 2 \\ 3 & 4 \end{pmatrix}$, $B = \begin{pmatrix} -2 & 3 \\ 4 & -5 \end{pmatrix}$ について,

$AB = \begin{pmatrix} 6 & -7 \\ 10 & -11 \end{pmatrix}$, $BA = \begin{pmatrix} 7 & 8 \\ -8 & -12 \end{pmatrix}$ となり，$AB \neq BA$ となる.

A,B がどちらも n 次正方行列であるとき，AB も BA も求めることができる．しかし，例 2 からわかるように，$AB = BA$ であるとは限らない．特に $AB = BA$ が成り立つとき，A, B は交換可能であるという.

【例 3】 すべての要素が 0 である行列を**零行列**といい，O で表す.

$$\begin{pmatrix} 0 & 0 & \cdots & 0 \\ 0 & 0 & \cdots & 0 \\ \vdots & \cdots & \cdots & \vdots \\ 0 & 0 & \cdots & 0 \end{pmatrix}$$

さて，$A = \begin{pmatrix} 1 & -1 \\ 1 & -1 \end{pmatrix}$，$B = \begin{pmatrix} 1 & 1 \\ 1 & 1 \end{pmatrix}$ について，$AB = 0$ となる．このことから，行列の積においては AB が零行列であっても，A または B が零行列であるとは限らないことがわかる.

実数や複素数の積では，例 2，3 のようなことは起こらない．よって，正方行列に限っても，行列の積では分配法則や結合法則は成り立つが，交換法則は成り立たず，数の積とは状況が異なることがわかる.

転置行列

$m \times n$ 行列 A の各 i, j について，(i, j) 成分 a_{ij} を (j, i) 成分にもつ $n \times m$ 行列を A の**転置行列**といい，${}^tA$ と表す

$$A = \begin{pmatrix} a_{11} & a_{12} & \cdots & a_{1n} \\ a_{21} & a_{22} & \cdots & a_{2n} \\ \vdots & \cdots & \cdots & \vdots \\ a_{m1} & a_{m2} & \cdots & a_{mn} \end{pmatrix} \text{のとき,}\ {}^tA = \begin{pmatrix} a_{11} & a_{21} & \cdots & a_{m1} \\ a_{12} & a_{22} & \cdots & a_{m2} \\ \vdots & \cdots & \cdots & \vdots \\ a_{1n} & a_{2n} & \cdots & a_{mn} \end{pmatrix}$$

となる.

【例 4】　$A = \begin{pmatrix} -2 & 3 & 4 & -1 \\ 1 & -3 & -1 & 3 \\ 4 & -5 & 0 & 8 \end{pmatrix}$ のとき，

$$
{}^tA = \begin{pmatrix} -2 & 1 & 4 \\ 3 & -3 & -5 \\ 4 & -1 & 0 \\ -1 & 3 & 8 \end{pmatrix} \text{となる.}
$$

> **定理 3**　(1) ${}^t({}^tA) = A$, (2) ${}^t(A+B) = {}^tA + {}^tB$, (3) ${}^t(AB) = {}^tB\,{}^tA$

証明　(1),(2) は転置行列の定義からあきらかである．(3) は A,B をそれぞれ成分表示しておいて，両者の各成分を比較すればよい． ∎

行列の累乗

n 次正方行列 A について，A を m 回掛けたものを A^m と書く．$A^m = AA^{m-1}$ が成り立つ．

単位行列と逆行列

n 次正方行列において，$i = 1, 2, \cdots, n$ に対し，その (i, i) 成分をその行列の**対角成分**という．対角成分以外のすべての成分が 0 である行列を**対角行列**という:

$$
\begin{pmatrix} a_1 & & \text{\Large 0} \\ & \ddots & \\ \text{\Large 0} & & a_n \end{pmatrix} = \begin{pmatrix} a_1 & 0 & 0 & \cdots & 0 \\ 0 & a_2 & 0 & \cdots & 0 \\ \vdots & \ddots & \ddots & \ddots & \vdots \\ 0 & \cdots & 0 & a_{n-1} & 0 \\ 0 & 0 & \cdots & 0 & a_n \end{pmatrix} : \text{対角行列}
$$

また，対角行列ですべての対角成分が 1 であるとき，その行列を（n 次の）**単位行列**といい E で表す．

$$E = \begin{pmatrix} 1 & & \mathbf{0} \\ & \ddots & \\ \mathbf{0} & & 1 \end{pmatrix}$$

また，A を任意の n 次正方行列とするとき，$AE = EA = A$ が成り立つ．すなわち，単位行列は数の 1 と同じような性質をもつ．

n 次正方行列 A に対して n 次正方行列 B が $AB = BA = E$（単位行列）を満たすとき，B を A の**逆行列**といい A^{-1} と表す．また，逆行列をもつ行列を**正則行列**という．

正方でない行列については逆行列は考えない．

【例題 1】 $A = \begin{pmatrix} a & b \\ c & d \end{pmatrix}$ について $ad - bc \neq 0$ であるとき，A^{-1} を求めよ．

(解) $X = A^{-1} = \begin{pmatrix} x_{11} & x_{12} \\ x_{21} & x_{22} \end{pmatrix}$ を A の逆行列 A^{-1} とする．このとき，$AX = E$ から，連立 1 次方程式

$$\begin{cases} ax_{11} + bx_{21} = 1 \\ cx_{11} + dx_{21} = 0 \end{cases}, \quad \begin{cases} ax_{12} + bx_{22} = 0 \\ cx_{12} + dx_{22} = 1 \end{cases}$$

が得られる．

これらを解くと，$\Delta = ad - bc$ とするとき $x_{11} = \dfrac{d}{\Delta}$，$x_{21} = -\dfrac{c}{\Delta}$，$x_{12} = -\dfrac{b}{\Delta}$，$x_{22} = \dfrac{a}{\Delta}$ となり，$A^{-1} = \dfrac{1}{\Delta}\begin{pmatrix} d & -b \\ -c & a \end{pmatrix}$ となる． □

逆行列については次の性質が成り立つ

定理 4 (1) $(A^{-1})^{-1} = A$，(2) $(AB)^{-1} = B^{-1}A^{-1}$

証明 (1) $(A^{-1})(A^{-1})^{-1} = E$ だから，両辺に左側から A を掛けることにより，$(A^{-1})^{-1} = A$ となる．

(2) $X = (AB)^{-1}$ とすると，$XAB = X(AB) = E$ となる．よって，両辺

に右側から B^{-1} を掛けることにより，$XA = EB^{-1} = B^{-1}$ となる．よって，両辺に右側から A^{-1} を掛けることにより，$(AB)^{-1} = B^{-1}A^{-1}$ となる． ∎

一般に，n 次正方行列 A が逆行列をもつかどうか，すなわち A が正則かどうかを判定する方法は第2章で考察する．

節末問題 1.1

1. $A = \begin{pmatrix} 2 & 1 & 3 \\ -1 & 2 & 0 \end{pmatrix}$ と $B = \begin{pmatrix} 2 & 3 \\ -1 & 0 \\ 2 & 1 \end{pmatrix}$ のとき，AB と BA を求めよ．

2. $A = \begin{pmatrix} 2 & -1 & 2 \\ 2 & -3 & 3 \\ 1 & -1 & 3 \end{pmatrix}$, $B = \begin{pmatrix} 1 & 3 & 2 \\ 2 & 7 & 3 \\ 1 & 1 & 3 \end{pmatrix}$ のとき，次を求めよ．

(1) $AB + BA$　　(2) $ABAB$

3. $A = \begin{pmatrix} 1 & 2 \\ 0 & 1 \end{pmatrix}$ のとき，A^n を求めよ．

4. ${}^t(AB) = {}^tB\,{}^tA$ であることを用いて，$({}^tA)^{-1} = {}^t(A^{-1})$ であることを証明せよ．

(答) **1**. $AB = \begin{pmatrix} 9 & 9 \\ -4 & -3 \end{pmatrix}$, $BA = \begin{pmatrix} 1 & 8 & 6 \\ -2 & -1 & -3 \\ 3 & 4 & 6 \end{pmatrix}$

2. (1) $AB + BA = \begin{pmatrix} 12 & -11 & 24 \\ 20 & -38 & 38 \\ 9 & -8 & 22 \end{pmatrix}$

(2) $ABAB = \begin{pmatrix} 17 & -17 & 74 \\ 18 & 139 & -23 \\ 21 & 6 & 74 \end{pmatrix}$　　**3**. $\begin{pmatrix} 1 & 2n \\ 0 & 1 \end{pmatrix}$

4. $E = {}^t(AA^{-1}) = {}^t(A^{-1})\,{}^tA$ より，${}^t(A^{-1}) = ({}^tA)^{-1}$.

1.2 いろいろな行列

三角行列

n 次正方行列で，対角成分の下の部分（または上の部分）の成分がすべて 0 であるものを**上三角行列**（**下三角行列**）という．たとえば，

$$\begin{pmatrix} 2 & 3 & 0 & 10 \\ 0 & 1 & 2 & 1 \\ 0 & 0 & 0 & -2 \\ 0 & 0 & 0 & 1 \end{pmatrix} \text{は上三角行列で，} \quad \begin{pmatrix} 2 & 0 & 0 & 0 \\ 1 & -1 & 0 & 0 \\ 4 & 3 & 0 & 0 \\ 1 & -1 & 2 & -3 \end{pmatrix} \text{は下三角}$$

行列である．

対称行列と交代行列

A を n 次正方行列とする．各 i, j について $a_{ij} = a_{ji}$ であるとき A を**対称行列**という．また，各 i, j について $a_{ij} = -a_{ji}$ であるとき A を交代行列という．

【例題 2】 A を n 次正方行列とする．

(1) $A +{}^t A$ は対称行列であることを示せ．

(2) $A -{}^t A$ は交代行列であることを示せ．

(解) (1) 定理 4 から，${}^t(A +{}^t A) ={}^t A +{}^t ({}^t A) ={}^t A + A = A +{}^t A$ となり，$A +{}^t A$ は対称行列である．

(2) ${}^t(A -{}^t A) ={}^t A -{}^t ({}^t A) ={}^t A - A = -(A -{}^t A)$ となり，$A -{}^t A$ は交代行列である． □

直交行列

n 次正方行列 A が $A{}^t A = {}^t A A = E$ を満たすとき，すなわち，転置行列が逆行列になっているとき，A を**直交行列**という．当然，直交行列は正則行列である．

【例題 3】 $A = \begin{pmatrix} a & b & -ab \\ -a & b & ab \\ a & 0 & 2ab \end{pmatrix}$ が直交行列であるとき，定数 a, b の値を求めよ．

(解) $A^t A = \begin{pmatrix} a^2+b^2+a^2b^2 & -a^2+b^2-a^2b^2 & a^2-2a^2b^2 \\ -a^2+b^2-a^2b^2 & a^2+b^2+a^2b^2 & -a^2+2a^2b^2 \\ a^2-2a^2b^2 & -a^2+2a^2b^2 & a^2+4a^2b^2 \end{pmatrix} =$

$\begin{pmatrix} 1 & 0 & 0 \\ 0 & 1 & 0 \\ 0 & 0 & 1 \end{pmatrix}$ となる．また，$a, b \neq 0$ はあきらかである．よって，$a^2 = 2a^2b^2$ より $b = \pm\dfrac{1}{\sqrt{2}}$. さらに，$b^2 = a^2 + a^2b^2$ であるから，$a = \pm\dfrac{1}{\sqrt{3}}$ となる．　□

【例題 4】 2 次行列 $\begin{pmatrix} \cos\theta & -\sin\theta \\ \sin\theta & \cos\theta \end{pmatrix}$ $(0 \leqq \theta \leqq 2\pi)$, $\begin{pmatrix} 1 & 0 \\ 0 & -1 \end{pmatrix}$ はいずれも直交行列であることを示せ．

(解) いずれも転置行列をつくり，積を計算すればよい．　□

2 次の直交行列はすべてこれらの行列の積で表されることが知られている．

節末問題 1.2

1.　$A = \begin{pmatrix} \dfrac{a}{2} & -\dfrac{1}{2} \\ \dfrac{1}{2} & \dfrac{a}{2} \end{pmatrix}$ が直交行列であるとき，a の値を求めよ．

2.　$A = \begin{pmatrix} 0 & 3 & a \\ b & 0 & a+b \\ c & 4 & 0 \end{pmatrix}$ が交代行列であるとき，定数 a, b, c の値を求めよ．

3.　$A = \dfrac{1}{2}(A + {}^t\!A) + \dfrac{1}{2}(A - {}^t\!A)$ により任意の n 次正方行列 A は対称行列と交代行列の和で表されることを説明せよ．

4.　$A = \begin{pmatrix} 1 & 3 & 1 \\ -1 & 2 & -1 \\ 2 & -2 & 3 \end{pmatrix}$ を対称行列と交代行列の和で表せ．

(答)　**1**.　$a = \pm\sqrt{3}$

2.　$a = -1,\ b = -3,\ c = 1$

3.　p.9 の例題を用いる．

4.　$A = \dfrac{1}{2}\begin{pmatrix} 2 & 2 & 3 \\ 2 & 4 & -3 \\ 3 & -3 & 6 \end{pmatrix} + \dfrac{1}{2}\begin{pmatrix} 0 & 4 & -1 \\ -4 & 0 & 1 \\ 1 & -1 & 0 \end{pmatrix}$

1.3 行列の基本変形と連立方程式

連立 1 次方程式の消去法

3 元 1 次連立方程式の消去法による解き方を一般化して，$m \times n$ 行列の行または列による基本変形という考え方で連立 1 次方程式

$$\begin{cases} a_{11}x_1 + a_{12}x_2 + & \cdots & +a_{1n}x_n = b_1 \\ a_{21}x_1 + a_{22}x_2 + & \cdots & +a_{2n}x_n = b_2 \\ \quad\cdots & \cdots & \cdots \\ a_{m1}x_1 + a_{m2}x_2 + & \cdots & +a_{mn}x_n = b_m \end{cases}$$

を解いてみよう．

連立 1 次方程式

$$\begin{cases} a_{11}x_1 + a_{12}x_2 + & \cdots & +a_{1n}x_n = b_1 \\ a_{21}x_1 + a_{22}x_2 + & \cdots & +a_{2n}x_n = b_2 \\ \quad\cdots & \cdots & \cdots \\ a_{m1}x_1 + a_{m2}x_2 + & \cdots & +a_{mn}x_n = b_m \end{cases}$$

は行列とベクトルを用いて，次のように書ける．

$$\begin{pmatrix} a_{11} & a_{12} & \cdots & a_{1n} \\ a_{21} & a_{22} & \cdots & a_{2n} \\ \vdots & \cdots & \cdots & \vdots \\ a_{m1} & a_{m2} & \cdots & a_{mn} \end{pmatrix} \begin{pmatrix} x_1 \\ x_2 \\ \vdots \\ x_n \end{pmatrix} = \begin{pmatrix} b_1 \\ b_2 \\ \vdots \\ b_m \end{pmatrix}$$

以下，この連立 1 次方程式を $A\boldsymbol{x} = \boldsymbol{b}$ と表すことにする．このとき，左辺の A を**係数行列**といい，また，行列

$$\begin{pmatrix} a_{11} & a_{12} & \cdots & a_{1n} & b_1 \\ a_{21} & a_{22} & \cdots & a_{2n} & b_2 \\ \vdots & \cdots & \cdots & \vdots & \vdots \\ a_{m1} & a_{m2} & \cdots & a_{mn} & b_m \end{pmatrix}$$

を $(A, \boldsymbol{b})$ と書き，**拡大係数行列**という．

連立1次方程式が与えられれば，それから拡大係数行列をつくることができる．逆にある $(m, n+1)$ 行列が与えられれば，それを連立1次方程式の拡大係数行列と考えることによって，元の連立1次方程式を復元することができる．したがって，連立1次方程式と拡大係数行列は同じものと考えることができる．

連立1次方程式を行列とベクトルを使って，$A\boldsymbol{x} = \boldsymbol{b}$ と表すと，この方程式の解法として，1次方程式 $ax = b$ からの類推で次のような解法を考えることができる．

$$A\boldsymbol{x} = \boldsymbol{b}$$

において，係数行列 A が正則，すなわち逆行列 A^{-1} をもてば，両辺に左から A^{-1} を掛けて，

$$A^{-1}(A\boldsymbol{x}) = A^{-1}\boldsymbol{b}$$

$$(A^{-1}A)\boldsymbol{x} = A^{-1}\boldsymbol{b}$$

$$E\boldsymbol{x} = A^{-1}\boldsymbol{b}$$

$$\boldsymbol{x} = A^{-1}\boldsymbol{b}$$

となり，形式的にこの連立方程式を解くことができる．ただし，この解法では逆行列が具体的にわからなければ $\boldsymbol{x}$ の値を具体的に求めることができない．この解法については第2章で扱う．

ここでは，拡大係数行列を変形して解を求める方法について説明する．

連立1次方程式の拡大係数行列に，次の3つの操作をほどこして解く方法を**消去法**（または**掃き出し法**）という．これは連立1次方程式を解くときに用いた加減法を一般化した方法である．

(i)　1つの行を $k(\neq 0)$ 倍する，

(ii)　2つの行を並べかえる，

(iii)　1つの行を k 倍し他の行に加える．

この拡大係数行列に対する操作が，連立1次方程式の次の操作に対応していることは明らかである．

(i)　1つの方程式を $k(\neq 0)$ 倍する，

(ii)　2 つの方程式を並べかえる，

(iii)　1 つの方程式を k 倍し他の方程式に加える．

したがって，拡大係数行列の変形により連立 1 次方程式を解く操作が，加減法に対応していることがわかる．

【例 5】 消去法により次の方程式を解いてみよう．その際に，対応する拡大係数行列がどのように変化するかを右側に表示する．

$$\begin{cases} 2x + 7y + 3z = 13 & (1) \\ x + 3y + 2z = 5 & (2) \\ x + y + 3z = 0 & (3) \end{cases} \Rightarrow \begin{pmatrix} 2 & 7 & 3 & \vdots & 13 \\ 1 & 3 & 2 & \vdots & 5 \\ 1 & 1 & 3 & \vdots & 0 \end{pmatrix}$$

操作 (ii) により (1) 式と (2) 式を入れかえる

$$\begin{cases} x + 3y + 2z = 5 & (1)' \\ 2x + 7y + 3z = 13 & (2)' \\ x + y + 3z = 0 & (3)' \end{cases} \Rightarrow \begin{pmatrix} 1 & 3 & 2 & \vdots & 5 \\ 2 & 7 & 3 & \vdots & 13 \\ 1 & 1 & 3 & \vdots & 0 \end{pmatrix}$$

操作 (iii) により $(2)' - 2 \times (1)'$，$(3)' - (1)'$ とする．

$$\begin{cases} x + 3y + 2z = 5 & (1)'' \\ y - z = 3 & (2)'' \\ -2y + z = -5 & (3)'' \end{cases} \Rightarrow \begin{pmatrix} 1 & 3 & 2 & \vdots & 5 \\ 0 & 1 & -1 & \vdots & 3 \\ 0 & -2 & 1 & \vdots & -5 \end{pmatrix}$$

操作 (iii) により $(3)'' + 2 \times (2)''$，$(1)'' - 3 \times (2)''$ とする．

$$\begin{cases} x + 5z = -4 & (1)''' \\ y - z = 3 & (2)''' \\ -z = 1 & (3)''' \end{cases} \Rightarrow \begin{pmatrix} 1 & 0 & 5 & \vdots & -4 \\ 0 & 1 & -1 & \vdots & 3 \\ 0 & 0 & -1 & \vdots & 1 \end{pmatrix}$$

操作 (iii) により $(1)''' + 5 \times (3)'''$, $(2)''' - (3)'''$ とする.

$$\left\{\begin{array}{rcrcrl} x & & & = & 1 & (1)'''' \\ & y & & = & 2 & (2)'''' \\ & & -\ z & = & 1 & (3)'''' \end{array}\right. \Rightarrow \begin{pmatrix} 1 & 0 & 0 & \vdots & 1 \\ 0 & 1 & 0 & \vdots & 2 \\ 0 & 0 & -1 & \vdots & 1 \end{pmatrix}$$

操作 (i) により $(-1) \times (3)''''$ とする.

$$\left\{\begin{array}{rcrcr} x & & & = & 1 \\ & y & & = & 2 \\ & & z & = & -1 \end{array}\right. \Rightarrow \begin{pmatrix} 1 & 0 & 0 & \vdots & 1 \\ 0 & 1 & 0 & \vdots & 2 \\ 0 & 0 & 1 & \vdots & -1 \end{pmatrix}$$

となり, $x = 1$, $y = 2$, $z = -1$ が得られる.

例 5 でわかるように連立 1 次方程式を消去法で解く操作は, 対応する右側の拡大係数行列に, 行の変形をほどこすことと同じである. ただし, この場合は列の変形は使えないことに注意を要する. このように, 連立 1 次方程式に消去法を用いて方程式の形を変化させていっても方程式は同値のままである. 例では 5 段階の変形を行ったが, 変形を逆にたどると最後の連立 1 次方程式から最初の連立 1 次方程式が得られることもわかる.

行列の基本変形

このように拡大係数行列にほどこした操作を一般の行列について考えよう.

行列 A が与えられたとき, 次の操作をほどこすことを行列の基本変形という.

(i) 1 つの行（または列）を $k(\neq 0)$ 倍する,

(ii) 2 つの行（または列）を並べかえる,

(iii) 1 つの（または列）を k 倍し他の行（または列）に加える.

行に関して (i),(ii),(iii) の操作を行うことを**行の基本変形**といい, 列に関して行うことを**列の基本変形**という.

行列に基本変形を行うと行列そのものは変化してしまうが，この操作によって行列のいくつかの性質を調べることができる．それは次章以下で扱うことにして，ここでは操作のみを考える．

【例 6】

$$\begin{pmatrix} 1 & -3 & -2 \\ 5 & 3 & 8 \\ 3 & 0 & 3 \end{pmatrix} \underset{\substack{2\text{行}-5\times 1\text{行} \\ 3\text{行}-3\times 1\text{行}}}{\Rightarrow} \begin{pmatrix} 1 & -3 & -2 \\ 0 & 18 & 18 \\ 0 & 9 & 9 \end{pmatrix}$$

$$\underset{\substack{\frac{1}{18}\times 2\text{行} \\ \frac{1}{9}\times 3\text{行}}}{\Rightarrow} \begin{pmatrix} 1 & -3 & -2 \\ 0 & 1 & 1 \\ 0 & 1 & 1 \end{pmatrix} \underset{2\text{行}-3\text{行}}{\Rightarrow} \begin{pmatrix} 1 & -3 & -2 \\ 0 & 1 & 1 \\ 0 & 0 & 0 \end{pmatrix}$$

この例では行のみに基本変形を行って，行列を三角行列に直すことができた．

【例 7】

$$\begin{pmatrix} 3 & 0 & 3 & 3 & 0 \\ 1 & 1 & 4 & 3 & 0 \\ -1 & 0 & -1 & 0 & -1 \\ 0 & 1 & 3 & 3 & -1 \end{pmatrix}$$

$$\underset{\frac{1}{3}\times 1\text{行}}{\Rightarrow} \begin{pmatrix} 1 & 0 & 1 & 1 & 0 \\ 1 & 1 & 4 & 3 & 0 \\ -1 & 0 & -1 & 0 & -1 \\ 0 & 1 & 3 & 3 & -1 \end{pmatrix}$$

$$\underset{\substack{2\text{行}-1\text{行} \\ 3\text{行}+1\text{行}}}{\Rightarrow} \begin{pmatrix} 1 & 0 & 1 & 1 & 0 \\ 0 & 1 & 3 & 2 & 0 \\ 0 & 0 & 0 & 1 & -1 \\ 0 & 1 & 3 & 3 & -1 \end{pmatrix}$$

$$\underset{4\,\text{行}-2\,\text{行}-3\,\text{行}}{\Rightarrow} \begin{pmatrix} 1 & 0 & 1 & 1 & 0 \\ 0 & 1 & 3 & 2 & 0 \\ 0 & 0 & 0 & 1 & -1 \\ 0 & 0 & 0 & 0 & 0 \end{pmatrix}$$

この例でも行のみの基本変形で三角行列に似たような形，すなわち，左下の要素を 0 に直すことができた．

一般に例 6, 7 のような操作をすべての行列に行うことができるから，次のような定理が成り立つことがわかる．

> **定理 5** 任意の $m \times n$ 行列 A は行の基本変形を何回か適当にほどこすことにより，左下の要素を 0 に直すことができる．特に正方行列の場合は三角行列に直すことができる．

さらに列の基本変形も使うと，正方行列を対角行列に直すことができる．

そのとき対角線にそって 0 でない要素が何個でてくるかは，変形の仕方によらず行列によって一定に決まることもわかるが，それはこのあと考察する．

節末問題 1.3

1. 拡大係数行列の 基本変形を用いて，つぎの連立方程式を解け．

$$(1)\ \begin{cases} x + y + 2z = 9 \\ 3x + 6y - 5z = 0 \\ 2x + 4y - 3z = 1 \end{cases}$$

$$(2)\ \begin{cases} 10x + 2y + 3z = 34 \\ 3x + y + z = 10 \\ 12x + 3y + 4z = 41 \end{cases}$$

$$(3)\ \begin{cases} x - 2y - 3z = -2 \\ -2x + 3y + 18z = 15 \\ 2x - 5y + 6z = 7 \end{cases}$$

2. 行列 $\begin{pmatrix} 1 & 2 & -4 \\ 2 & -1 & 5 \\ -3 & 4 & -14 \end{pmatrix}$ に行の基本変形を用いて，上三角行列に変形せよ．さらに，列の基本変形を用いて対角行列に変形せよ．

(答)　**1**. (1) $x = 1,\ y = 2,\ z = 3$　(2) $x = 3,\ y = -1,\ z = 2$　(3) $x = 27c - 24,\ y = 12c - 11,\ z = c$

2. $\begin{pmatrix} 1 & 2 & -4 \\ 0 & -5 & 13 \\ 0 & 0 & 0 \end{pmatrix}$　　$\begin{pmatrix} 1 & 0 & 0 \\ 0 & 1 & 0 \\ 0 & 0 & 0 \end{pmatrix}$

1.4　行列の基本変形と逆行列

4 つの行列　A, U_1, U_2, U_3 を

$$A = \begin{pmatrix} a_{11} & a_{12} & a_{13} \\ a_{21} & a_{22} & a_{23} \\ a_{31} & a_{32} & a_{33} \end{pmatrix}, \qquad U_1 = \begin{pmatrix} k & 0 & 0 \\ 0 & 1 & 0 \\ 0 & 0 & 1 \end{pmatrix},$$

$$U_2 = \begin{pmatrix} 0 & 1 & 0 \\ 1 & 0 & 0 \\ 0 & 0 & 1 \end{pmatrix}, \qquad U_3 = \begin{pmatrix} 1 & 0 & k \\ 0 & 1 & 0 \\ 0 & 0 & 1 \end{pmatrix}$$

とする．このとき，次の式が成り立つ．

$$U_1 A = \begin{pmatrix} ka_{11} & ka_{12} & ka_{13} \\ a_{21} & a_{22} & a_{23} \\ a_{31} & a_{32} & a_{33} \end{pmatrix} : 1 \text{ 行を } k \text{ 倍する},$$

$$U_2 A = \begin{pmatrix} a_{21} & a_{22} & a_{23} \\ a_{11} & a_{12} & a_{13} \\ a_{31} & a_{32} & a_{33} \end{pmatrix} : 1 \text{ 行と } 2 \text{ 行を交換する},$$

$$U_3 A = \begin{pmatrix} a_{11} + ka_{31} & a_{12} + ka_{32} & a_{13} + ka_{33} \\ a_{21} & a_{22} & a_{23} \\ a_{31} & a_{32} & a_{33} \end{pmatrix}$$

$$: 3 \text{ 行に } k \text{ 倍して，} 1 \text{ 行に足す}.$$

A に行の基本変形を施す操作は，U_1，U_2，U_3 と類似な正則行列を左側から A に掛けることに対応する．同様に，適当な正則行列を右側から掛けることは列の基本変形をほどこす操作を与える．

基本変形による逆行列の計算法

行の基本変形を用いて，正則行列の逆行列を計算する．

【例 8】

$$\begin{pmatrix} 2 & 1 & 3 & \vdots & 1 & 0 & 0 \\ 5 & 3 & 7 & \vdots & 0 & 1 & 0 \\ 1 & 0 & 1 & \vdots & 0 & 0 & 1 \end{pmatrix} \Rightarrow \begin{pmatrix} 1 & 0 & 1 & \vdots & 0 & 0 & 1 \\ 5 & 3 & 7 & \vdots & 0 & 1 & 0 \\ 2 & 1 & 3 & \vdots & 1 & 0 & 0 \end{pmatrix}$$

$$\Rightarrow \begin{pmatrix} 1 & 0 & 1 & \vdots & 0 & 0 & 1 \\ 0 & 3 & 2 & \vdots & 0 & 1 & -5 \\ 0 & 1 & 1 & \vdots & 1 & 0 & -2 \end{pmatrix} \Rightarrow \begin{pmatrix} 1 & 0 & 1 & \vdots & 0 & 0 & 1 \\ 0 & 1 & 0 & \vdots & -2 & 1 & -1 \\ 0 & 1 & 1 & \vdots & 1 & 0 & -2 \end{pmatrix}$$

$$\Rightarrow \begin{pmatrix} 1 & 0 & 1 & \vdots & 0 & 0 & 1 \\ 0 & 1 & 0 & \vdots & -2 & 1 & -1 \\ 0 & 0 & 1 & \vdots & 3 & -1 & -1 \end{pmatrix} \Rightarrow \begin{pmatrix} 1 & 0 & 0 & \vdots & -3 & 1 & 2 \\ 0 & 1 & 0 & \vdots & -2 & 1 & -1 \\ 0 & 0 & 1 & \vdots & 3 & -1 & -1 \end{pmatrix}$$

このとき，行列 $\begin{pmatrix} -3 & 1 & 2 \\ -2 & 1 & -1 \\ 3 & -1 & -1 \end{pmatrix}$ は $\begin{pmatrix} 2 & 1 & 3 \\ 5 & 3 & 7 \\ 1 & 0 & 1 \end{pmatrix}$ の逆行列になる．

説明

上の操作はどれも，右側の行列と左側の行列に同一の基本変形を行っているから，同一の正則行列を左側から何回か掛けることに対応する．これらの基本変形に対応する正則行列を U_1，$\cdots$，U_p とすると，$U_p \cdots U_1 A = E$ となれば，$U_p \cdots U_1 E = B$ である．よって，$B = U_p \cdots U_1 = A^{-1}$ となる．

行と列の基本変形の両方を考えてみると，定理 5 から，つぎの定理が成立する．

定理 6 任意の $m \times n$ 行列 A は行または列の基本変形を何回か適当にほどこすことにより,

$$
r\text{ 行}\left(\begin{array}{cccccccc}
\multicolumn{4}{c}{r\text{ 列}} \\
1 & 0 & \cdots & 0 & 0 & \cdots & \cdots & 0 \\
0 & 1 & \ddots & \vdots & \vdots & \cdots & \cdots & 0 \\
\vdots & \ddots & \ddots & \ddots & \vdots & \cdots & \cdots & \vdots \\
0 & \cdots & 0 & 1 & 0 & \cdots & \cdots & 0 \\
 & & & & \text{\Large 0} & & &
\end{array}\right)
$$

なる形の行列に変形することができる.

節末問題 1.4

1. 次の行列の逆行列を基本変形により求めよ.

$$A = \begin{pmatrix} 0 & 1 & 1 \\ 1 & 2 & 3 \\ 3 & 5 & 7 \end{pmatrix} \qquad B = \begin{pmatrix} 0 & 4 & -1 \\ 1 & -2 & 1 \\ 2 & -3 & 2 \end{pmatrix} \qquad C = \begin{pmatrix} 1 & 3 & 4 \\ 2 & 4 & -2 \\ 1 & -2 & 3 \end{pmatrix}$$

2. 基本変形を用いて逆行列を求める例 8 の方法は 3 つの連立方程式を解いていることを説明せよ.

3. $A = \begin{pmatrix} 2 & 3 & 0 & 1 \\ 4 & 1 & -5 & -6 \\ 6 & 9 & 0 & 3 \\ 0 & 5 & 5 & 8 \end{pmatrix}$ に基本変形をほどこし定理 6 の行列の形に変形せよ.

(答) **1**. (1) $A^{-1} = \begin{pmatrix} -1 & -2 & 1 \\ 2 & -3 & 1 \\ -1 & 3 & -1 \end{pmatrix}$ (2) $B^{-1} = \begin{pmatrix} 1 & 5 & -2 \\ 0 & -2 & 1 \\ -1 & -8 & 4 \end{pmatrix}$

(3) $C^{-1} = -\dfrac{1}{48}\begin{pmatrix} 8 & -17 & -22 \\ -8 & -1 & 10 \\ -8 & 5 & -2 \end{pmatrix}$

3. $A \underset{\frac{1}{2}\times 1\text{列}}{\Rightarrow} \begin{pmatrix} 1 & 3 & 0 & 1 \\ 2 & 1 & -5 & -6 \\ 3 & 9 & 0 & 3 \\ 0 & 5 & 5 & 8 \end{pmatrix} \underset{\substack{2\text{行}-2\times 1\text{行} \\ 3\text{行}-3\times 1\text{行}}}{\Rightarrow} \begin{pmatrix} 1 & 3 & 0 & 1 \\ 0 & -5 & -5 & -8 \\ 0 & 0 & 0 & 0 \\ 0 & 5 & 5 & 8 \end{pmatrix}$

$\underset{\substack{4\text{行}+2\text{行} \\ 2\text{列}-3\times 1\text{列} \\ 4\text{列}-1\text{列}}}{\Rightarrow} \begin{pmatrix} 1 & 0 & 0 & 0 \\ 0 & -5 & -5 & -8 \\ 0 & 0 & 0 & 0 \\ 0 & 0 & 0 & 0 \end{pmatrix} \underset{-\frac{1}{5}\times 2\text{行}}{\Rightarrow} \begin{pmatrix} 1 & 0 & 0 & 0 \\ 0 & 1 & 1 & \frac{8}{5} \\ 0 & 0 & 0 & 0 \\ 0 & 0 & 0 & 0 \end{pmatrix}$

$\underset{\substack{3\text{列}-2\text{列} \\ 4\text{列}-\frac{5}{8}\times 2\text{列}}}{\Rightarrow} \begin{pmatrix} 1 & 0 & 0 & 0 \\ 0 & 1 & 0 & 0 \\ 0 & 0 & 0 & 0 \\ 0 & 0 & 0 & 0 \end{pmatrix}$

章末問題 1

1. $A=\begin{pmatrix} 1 & 2 \\ 3 & 4 \end{pmatrix}$, $B=\begin{pmatrix} 2 & 3 \\ 4 & 1 \end{pmatrix}$ のとき

$$A^2-B^2 \neq (A+B)(A-B), \qquad (A+B)^2 \neq A^2+2AB+B^2$$

であることを確かめよ.

2. $A=\begin{pmatrix} 1 & 2 \\ 3 & 4 \end{pmatrix}$, $B=\begin{pmatrix} 1 & 1 \\ 1 & 1 \end{pmatrix}$ であるとき, $(AB)^2$ と A^2B^2 を計算して $(AB)^2 \neq A^2B^2$ を確かめよ.

3. $\begin{pmatrix} 1 & a \\ 2 & 1 \end{pmatrix}\begin{pmatrix} 2 & 1 \\ b & 1 \end{pmatrix}=\begin{pmatrix} 4 & 3 \\ 5 & c \end{pmatrix}$ であるとき, a, b, c の値を求めよ.

4. $\begin{pmatrix} x-z & w-x \\ y-w & 2-z \end{pmatrix}=\begin{pmatrix} 3 & z-x \\ -y & z-3 \end{pmatrix}$ であるとき, x, y, z, w の値を求めよ.

5. $X+Y=\begin{pmatrix} 1 & -2 \\ 3 & 1 \end{pmatrix}$, $X-Y=\begin{pmatrix} 3 & 4 \\ -1 & 1 \end{pmatrix}$ を満たす行列 X, Y を求めよ.

6. $X=\begin{pmatrix} x & x+1 \\ z-x & y+2 \end{pmatrix}$ が $4X=3\begin{pmatrix} 0 & 1 \\ 1 & 1 \end{pmatrix}+X$ を満たす x, y, z の値を求めよ.

7. $\begin{pmatrix} x \\ y \end{pmatrix} = \begin{pmatrix} 1 & 2 \\ 0 & -1 \end{pmatrix} \begin{pmatrix} x' \\ y' \end{pmatrix}$ であるとき，次の式を x', y' で表せ．

(1) $(a \quad b) \begin{pmatrix} x \\ y \end{pmatrix}$

(2) $(x \quad y) \begin{pmatrix} a & b \\ c & d \end{pmatrix} \begin{pmatrix} x \\ y \end{pmatrix}$

8. $A = \begin{pmatrix} 1 & -2 \\ x & 4 \end{pmatrix}$，$B = \begin{pmatrix} y & 6 \\ 1 & -3 \end{pmatrix}$ のとき，$A^2 - B^2 = (A+B)(A-B)$ が成り立つとする．x, y の値を求めよ．

9. $A = \begin{pmatrix} a & b \\ c & d \end{pmatrix}$ が $A^2 - 5A + 6E = O$ を満たすとき $ad - bc$ の値を求めよ．また，このとき A^3 を計算せよ．ただし，$b \neq 0$ とする．

10. $X = \begin{pmatrix} x & 1 \\ 0 & y \end{pmatrix}$ に対して，$A = \begin{pmatrix} a & b \\ c & d \end{pmatrix}$ が $AX^2 = X^2A$ を満たすとき A を定めよ．

11. A_1, B_1 が 2×2 行列で A_4, B_4 が 1×1 行列のとき

$$\begin{pmatrix} A_1 & A_2 \\ A_3 & A_4 \end{pmatrix} \begin{pmatrix} B_1 & B_2 \\ B_3 & B_4 \end{pmatrix} = \begin{pmatrix} A_1B_1 + A_2B_3 & A_1B_2 + A_2B_4 \\ A_3B_1 + A_4B_3 & A_3B_2 + A_4B_4 \end{pmatrix}$$

が成り立つことを証明せよ．

12. $A = \begin{pmatrix} a & b \\ c & d \end{pmatrix}$ が次の条件を満たすとき A を求めよ．

(1) $A^2 = O$ (2) $A^2 = E$ (3) $A^2 = A$

13. 次の行列の n 乗を求めよ.

(1) $A = \begin{pmatrix} 1 & 1 & 0 \\ 0 & 1 & 1 \\ 0 & 0 & 1 \end{pmatrix}$　(2) $B = \begin{pmatrix} 0 & 0 & 0 & 1 \\ 0 & 0 & 1 & 0 \\ 0 & 1 & 0 & 0 \\ 1 & 0 & 0 & 0 \end{pmatrix}$

(3) $C = \begin{pmatrix} 0 & 1 & 0 & 0 \\ 0 & 0 & 1 & 0 \\ 0 & 0 & 0 & 1 \\ 0 & 0 & 0 & 0 \end{pmatrix}$

14. A を 3 次の実正方行列とする. ${}^tA A = O$ ならば $A = O$ であることを示せ.

15. 次の行列が直交行列となるように x, y, z を定めよ.

$$P = \begin{pmatrix} \frac{3}{5} & 0 & x \\ y & z & \frac{3}{5} \\ 0 & 1 & w \end{pmatrix}$$

(答) **1**. $A^2 - B^2 = \begin{pmatrix} -9 & 1 \\ 3 & 9 \end{pmatrix}$, $(A+B)(A-B) = \begin{pmatrix} -8 & 12 \\ -12 & 8 \end{pmatrix}$,

$(A+B)^2 = \begin{pmatrix} 44 & 40 \\ 56 & 60 \end{pmatrix}$, $A^2 + 2AB + B^2 = \begin{pmatrix} 43 & 29 \\ 71 & 61 \end{pmatrix}$

2. $(AB)^2 = \begin{pmatrix} 30 & 30 \\ 70 & 70 \end{pmatrix}$, $A^2B^2 = \begin{pmatrix} 34 & 34 \\ 74 & 74 \end{pmatrix}$

3. $a = 2,\ b = 1,\ c = 3$　　**4**. $x = \frac{11}{2},\ y = \frac{5}{4},\ z = \frac{5}{2},\ w = \frac{5}{2}$

5. $X = \begin{pmatrix} 2 & 1 \\ 1 & 1 \end{pmatrix}$, $Y = \begin{pmatrix} -1 & -3 \\ 2 & 0 \end{pmatrix}$　　**6**. $x = 0,\ y = -1,\ z = 1$

7. (1) $ax' + (2a-b)y'$　　(2) $ax^2 + (4a-b-c)x'y' + (4a-2b-2c+d)y'^2$

8. $(A+B)(A-B) = A^2 - AB + BA - B^2 = A^2 - B^2$ より $AB = BA$，これより $x = -\dfrac{1}{3}$，$y = 6$

9. $ad - bc = 6$　　$A^3 = \begin{pmatrix} 19a-30 & 19b \\ 19c & 19d-30 \end{pmatrix}$

10. $AX^2 = X^2A$ を計算すると x, y が任意であるから $c = 0$ がわかる．さらに，$b(x-y) = a-d$ より $b = 0$，$a = d$．ゆえに，$A = \begin{pmatrix} a & 0 \\ 0 & a \end{pmatrix}$

12. (1) $\begin{pmatrix} \pm\sqrt{-bc} & b \\ c & \mp\sqrt{-bc} \end{pmatrix}$ (複合同順)

(2) $\begin{pmatrix} 1 & 0 \\ 0 & 1 \end{pmatrix}$, $\begin{pmatrix} -1 & 0 \\ 0 & -1 \end{pmatrix}$, $\begin{pmatrix} \pm\sqrt{1-bc} & b \\ c & \mp\sqrt{1-bc} \end{pmatrix}$ (複合同順)

(3) $\begin{pmatrix} 1 & 0 \\ 0 & 1 \end{pmatrix}$, $\begin{pmatrix} 0 & 0 \\ 0 & 0 \end{pmatrix}$, $\begin{pmatrix} \dfrac{1\pm\sqrt{1-4bc}}{2} & b \\ c & \dfrac{1\mp\sqrt{1-4bc}}{2} \end{pmatrix}$ (複合同順)

13. (1) $A^n = \begin{pmatrix} 1 & n & \dfrac{n(n-1)}{2} \\ 0 & 1 & n \\ 0 & 0 & 1 \end{pmatrix}$

(2) $B^2 = E$ であるから，$B^n = \begin{cases} B\,(n：\text{奇数}) \\ E\,(n：\text{偶数}) \end{cases}$

(3) $C^2 = \begin{pmatrix} 0 & 0 & 1 & 0 \\ 0 & 0 & 0 & 1 \\ 0 & 0 & 0 & 0 \\ 0 & 0 & 0 & 0 \end{pmatrix}, C^3 = \begin{pmatrix} 0 & 0 & 0 & 1 \\ 0 & 0 & 0 & 0 \\ 0 & 0 & 0 & 0 \\ 0 & 0 & 0 & 0 \end{pmatrix}, C^n = O\ (n \geqq 4)$

14. $A \neq \boldsymbol{O}$ とすると A のある (i,j) 成分 $a_{ij} \neq 0$, $A\,{}^tA$ の (i,i) 成分は $a_{i1}^2 + a_{i2}^2 + a_{i3}^2 \neq 0$ (このうちどれかが $a_{ij}^2 \neq 0$) $A\,{}^tA = \boldsymbol{O}$ に反する．ゆえに，$A = \boldsymbol{O}$

15. ${}^tPP = E$ を計算する．$x = \pm\dfrac{4}{5}, y = \mp\dfrac{4}{5}, z = w = 0$

2

行　列　式

2.1　行列式の定義

$n \times n$ 正方行列 A に対し，次のように値を定義して $|A|$ と書き，行列式という．

$n=1$ のとき $|A|=|a|=a$ と定義する．

$n=2$ のとき $|A|=\begin{vmatrix} a_{11} & a_{12} \\ a_{21} & a_{22} \end{vmatrix}=a_{11}a_{22}-a_{12}a_{21}$

$$n=3 \text{ のとき } |A|=\begin{vmatrix} a_{11} & a_{12} & a_{13} \\ a_{21} & a_{22} & a_{23} \\ a_{31} & a_{32} & a_{33} \end{vmatrix}= \begin{aligned} &a_{11}a_{22}a_{33}+a_{12}a_{23}a_{31}+a_{13}a_{21}a_{32} \\ &-a_{11}a_{23}a_{32}-a_{13}a_{22}a_{31}-a_{12}a_{21}a_{33} \end{aligned}$$

【 一般に（ $n \geqq 2$ ）$|A|$ の値について 】

A の各行から 1 つずつ成分 $a_{1p_1}, a_{2p_2}, \cdots, a_{np_n}$ を選び，これが各列からも 1 つずつになっている選び方は $n!$ 個ある．$n!$ 個のそれぞれについて n 個の成分の積 $a_{1p_1}a_{2p_2}\cdots a_{np_n}$ に符号 ± 1 (p.31) をつけた $n!$ 個の値の総和が $|A|$ の値である．

$M=\{1, 2, \cdots, n\}$ から M への一対一対応を**置換**といい

$$P=\begin{pmatrix} 1 & 2 & \cdots & n \\ p_1 & p_2 & \cdots & p_n \end{pmatrix}$$

と表す．$p_1, p_2, \cdots, p_n$ は 1 から n までの異なる数で，P の上の行の数 i が i の下の数 p_i に対応する．上の行の 1, 2, $\cdots$, n の順序は任意でよい．

たとえば，$n=4$ のとき

$$\begin{pmatrix} 1 & 2 & 3 & 4 \\ 3 & 1 & 4 & 2 \end{pmatrix} = \begin{pmatrix} 4 & 1 & 3 & 2 \\ 2 & 3 & 4 & 1 \end{pmatrix}$$

M の置換全体の集合 S_n の個数は $n!$ 個である.

$$P = \begin{pmatrix} 1 & 2 & \cdots & n \\ p_1 & p_2 & \cdots & p_n \end{pmatrix}, \quad Q = \begin{pmatrix} 1 & 2 & \cdots & n \\ q_1 & q_2 & \cdots & q_n \end{pmatrix} = \begin{pmatrix} p_1 & p_2 & \cdots & p_n \\ r_1 & r_2 & \cdots & r_n \end{pmatrix}$$

とするとき

$$\begin{pmatrix} 1 & 2 & \cdots & n \\ p_1 & p_2 & \cdots & p_n \end{pmatrix} \begin{pmatrix} p_1 & p_2 & \cdots & p_n \\ r_1 & r_2 & \cdots & r_n \end{pmatrix} = \begin{pmatrix} 1 & 2 & \cdots & n \\ r_1 & r_2 & \cdots & r_n \end{pmatrix}$$

と定義して，置換 PQ の積という.

$\begin{pmatrix} 1 & 2 & \cdots & n \\ 1 & 2 & \cdots & n \end{pmatrix} = I$ で表し，**恒等置換**という.

$\begin{pmatrix} p_1 & p_2 & \cdots & p_n \\ 1 & 2 & \cdots & n \end{pmatrix} = P^{-1}$ で表し，P の**逆置換**という.

置換の積について次の法則が成立する.

(1)　$P(QR) = (PQ)R$　結合法則

(2)　$PI = IP = P$

(3)　$P^{-1}P = PP^{-1} = I$

定理 1　n 次の置換 P, Q, R に対して，$P \neq Q$ ならば

(1)　$PR \neq QR$,　$RP \neq RQ$

(2)　$P^{-1} \neq Q^{-1}$

証明

(1)　(対偶を示す)

もし $PR = QR$ ならば置換の積についての結合法則を用いて

$P = PI = P(RR^{-1}) = (PR)R^{-1} = (QR)R^{-1} = Q(RR^{-1})$

$= QI = Q$

2 式の証明も同様である.

(2) (背理法で示す)

$P^{-1}=Q^{-1}$ ならば，左から P，右から Q を掛けて

$(PP^{-1})Q=P(Q^{-1}Q)$ 　結合法則を用いて

$IQ=PI$ 　ゆえに　$P=Q$ ■

この定理により PR は S_n の P に対して S_n の PR を対応させる対応とみると，S_n から S_n への一対一対応とみなすことができる．P に P^{-1} を対応させる対応も同様にして一対一対応である．すなわち，P 全体の集合と P^{-1} 全体の集合は同じ S_n である．

置換において 2 つの文字 i, j だけを入れかえて，他の文字を変えない置換

$$\begin{pmatrix} 1 & 2 & \cdots & i & \cdots & j & \cdots & n \\ 1 & 2 & \cdots & j & \cdots & i & \cdots & n \end{pmatrix}$$

を互換といい，$\begin{pmatrix} i & j \\ j & i \end{pmatrix}$, (i, j), (j, i) などで表す．

定理 2

(1) 任意の n 次 $(n \geqq 2)$ の置換は互換の積で表される．

(2) 置換を互換の積として表したとき，その表し方に関係なく互換の個数は偶数個か奇数個のどちらかである．

証明

(1) n についての数学的帰納法で示す．

$n=2$ のとき，$\begin{pmatrix} 1 & 2 \\ 1 & 2 \end{pmatrix}=(1,2)(1,2)$，　$\begin{pmatrix} 1 & 2 \\ 2 & 1 \end{pmatrix}=(1,2)$

であるから成立する．

$n-1$ に対して成り立つと仮定して n の場合を示す．

$$P=\begin{pmatrix} 1 & 2 & \cdots & n \\ p_1 & p_2 & \cdots & p_n \end{pmatrix}$$

に対して

$$P = P(n, p_n)(n, p_n) = \{P(n, p_n)\}(n, p_n)$$
$$= \begin{pmatrix} 1 & 2 & \cdots & n-1 & n \\ q_1 & q_2 & \cdots & q_{n-1} & n \end{pmatrix}(n, p_n)$$

$\begin{pmatrix} 1 & 2 & \cdots & n-1 & n \\ q_1 & q_2 & \cdots & q_{n-1} & n \end{pmatrix}$ は $n-1$ 次の置換で，帰納法の仮定より $n-1$ 次の置換は互換の積で表される．ゆえに P は互換の積で表される．

(2) 多項式として $x_1, x_2, \cdots, x_n$ の**差積**

$$\begin{aligned} D = (x_1 - x_2)(x_1 - x_3) & \cdots\cdots (x_1 - x_n) \\ \times(x_2 - x_3) & \cdots\cdots (x_2 - x_n) \\ & \ddots \quad \vdots \\ & (x_{n-1} - x_n) \end{aligned}$$

を考える．D は x_1 から x_n までの文字がそれぞれ $n-1$ 個ずつあって，すべての $(x_i - x_j)$ の組合せよりなっている．

D の各 x_i の i に置換 P をほどこし D_P と表すと，D_P は D か $-D$ のいずれかである．

また，T を互換とすると，D_T は $-D$ である．

P を互換の積 $P = T_1 T_2 \cdots T_S$ で表したとき，$D_P = (-1)^S D$ である．D_P は D か $-D$ のいずれかに定まっているから S は偶数か奇数のどちらかに定まる． ∎

定理により，置換が偶数個の互換で表されるとき**偶置換**，奇数個の互換で表されるとき**奇置換**という．

$$\operatorname{sgn} P = \begin{cases} 1 & P\text{が偶置換のとき} \\ -1 & P\text{が奇置換のとき} \end{cases}$$

と定義する．

定理 3

(1) $\operatorname{sgn} PQ = \operatorname{sgn} P \cdot \operatorname{sgn} Q$

(2) $\operatorname{sgn} P^{-1} = \operatorname{sgn} P$

証明

(1) 置換の積の定義と定理 2 により成立する．

(2) $1 = \operatorname{sgn} I = \operatorname{sgn} P^{-1} P = \operatorname{sgn} P^{-1} \cdot \operatorname{sgn} P$

両辺に $\operatorname{sgn} P$ を掛けて

$\operatorname{sgn} P = \operatorname{sgn} P^{-1} (\operatorname{sgn} P)^2 = \operatorname{sgn} P^{-1} \cdot 1 = \operatorname{sgn} P^{-1}$ ∎

n 次正方行列 A に対して，**行列式** $|A|$ を

$$|A| = \begin{vmatrix} a_{11} & a_{12} & \cdots & a_{1n} \\ a_{21} & a_{22} & \cdots & a_{2n} \\ \vdots & \vdots & & \vdots \\ a_{n1} & a_{n2} & \cdots & a_{nn} \end{vmatrix} = \sum_{\binom{1,\,2,\cdots,\,n}{p_1,\,p_2,\cdots,\,p_n}} \operatorname{sgn} \begin{pmatrix} 1 & 2 & \cdots & n \\ p_1 & p_2 & \cdots & p_n \end{pmatrix} a_{1p_1} a_{2p_2} \cdots a_{np_n}$$

で定義する．ここに和 $\sum$ はすべての $n!$ 個の n 次の置換について考えるものとする．$\begin{pmatrix} 1, 2, \cdots, n \\ p_1, p_2, \cdots, p_n \end{pmatrix}$ は 1 から n までの数の順列を意味する記号である．

【例 1】 A が 2 次の正方行列のとき $|A|$ の値を求める．

2 次の置換は $\begin{pmatrix} 1 & 2 \\ 1 & 2 \end{pmatrix}$，$\begin{pmatrix} 1 & 2 \\ 2 & 1 \end{pmatrix}$ の 2 つである．

$$\begin{aligned} \begin{vmatrix} a_{11} & a_{12} \\ a_{21} & a_{22} \end{vmatrix} &= \operatorname{sgn} \begin{pmatrix} 1 & 2 \\ 1 & 2 \end{pmatrix} a_{11} a_{22} + \operatorname{sgn} \begin{pmatrix} 1 & 2 \\ 2 & 1 \end{pmatrix} a_{12} a_{21} \\ &= a_{11} a_{22} - a_{12} a_{21} \end{aligned}$$

これは図 2.1 で，矢印の方向に項の積をつくり，それに図中の符号をつけた和である．

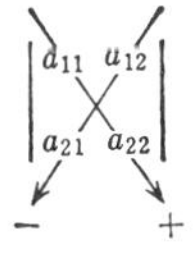

図 2.1

たとえば，$\begin{vmatrix} 2 & 1 \\ 4 & 3 \end{vmatrix} = 2 \times 3 - 1 \times 4 = 2$

【例 2】 A が 3 次の正方行列のとき $|A|$ の値を求める．
3 次の置換は $3! = 6$ 個あり，その符号は

$$\operatorname{sgn}\begin{pmatrix}1&2&3\\1&2&3\end{pmatrix}=\operatorname{sgn}\begin{pmatrix}1&2&3\\2&3&1\end{pmatrix}=\operatorname{sgn}\begin{pmatrix}1&2&3\\3&1&2\end{pmatrix}=1$$
$$\operatorname{sgn}\begin{pmatrix}1&2&3\\1&3&2\end{pmatrix}=\operatorname{sgn}\begin{pmatrix}1&2&3\\3&2&1\end{pmatrix}=\operatorname{sgn}\begin{pmatrix}1&2&3\\2&1&3\end{pmatrix}=-1$$

よって

$$\begin{vmatrix}a_{11}&a_{12}&a_{13}\\a_{21}&a_{22}&a_{23}\\a_{31}&a_{32}&a_{33}\end{vmatrix} = \operatorname{sgn}\begin{pmatrix}1&2&3\\1&2&3\end{pmatrix}a_{11}a_{22}a_{33}+\operatorname{sgn}\begin{pmatrix}1&2&3\\2&3&1\end{pmatrix}a_{12}a_{23}a_{31}$$
$$+\operatorname{sgn}\begin{pmatrix}1&2&3\\3&1&2\end{pmatrix}a_{13}a_{21}a_{32}+\operatorname{sgn}\begin{pmatrix}1&2&3\\1&3&2\end{pmatrix}a_{11}a_{23}a_{32}$$
$$+\operatorname{sgn}\begin{pmatrix}1&2&3\\3&2&1\end{pmatrix}a_{13}a_{22}a_{31}+\operatorname{sgn}\begin{pmatrix}1&2&3\\2&1&3\end{pmatrix}a_{12}a_{21}a_{33}$$
$$=a_{11}a_{22}a_{33}+a_{12}a_{23}a_{31}+a_{13}a_{21}a_{32}$$
$$-a_{11}a_{23}a_{32}-a_{13}a_{22}a_{31}-a_{12}a_{21}a_{33}$$

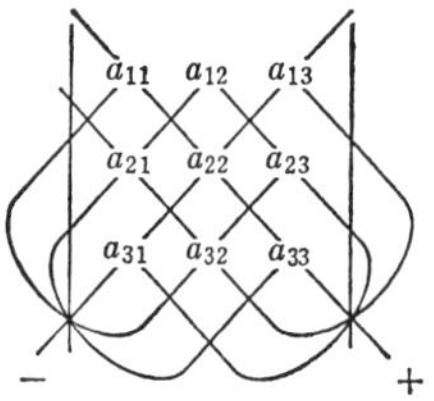

図 2.2

これは図 2.2 で線の方向にそって積をつくり，それに図中の符号をつけた項の和である．これを**サラス** (Sarrus) **の法則**と呼ぶ．

節末問題 2.1

1. 次の行列式の値を求めよ.

(1) $\begin{vmatrix} a & 0 \\ 0 & b \end{vmatrix}$ (2) $\begin{vmatrix} a & 0 & 0 \\ 0 & b & 0 \\ 0 & 0 & c \end{vmatrix}$ (3) $\begin{vmatrix} a & 0 & 0 & 0 \\ 0 & b & 0 & 0 \\ 0 & 0 & c & 0 \\ 0 & 0 & 0 & d \end{vmatrix}$

(4) $\begin{vmatrix} 0 & 0 & a & 0 \\ b & 0 & 0 & 0 \\ 0 & 0 & 0 & c \\ 0 & d & 0 & 0 \end{vmatrix}$ (5) $\begin{vmatrix} 1 & 2 & 3 & 4 \\ 0 & 0 & 0 & 0 \\ 3 & 4 & 5 & 6 \\ 4 & 5 & 6 & 7 \end{vmatrix}$

2. 次の行列式の値を求めよ.

(1) $\begin{vmatrix} 1 & 3 \\ 2 & 7 \end{vmatrix}$ (2) $\begin{vmatrix} 0 & 2 \\ 3 & 1 \end{vmatrix}$ (3) $\begin{vmatrix} 1 & 2 \\ 0 & 0 \end{vmatrix}$

3. 次の行列式の値を求めよ.

(1) $\begin{vmatrix} 1 & 2 & 2 \\ 2 & 1 & 3 \\ 1 & 1 & 4 \end{vmatrix}$ (2) $\begin{vmatrix} 1 & 1 & -1 \\ 1 & -1 & 1 \\ -1 & 1 & 1 \end{vmatrix}$

4. $A = \begin{pmatrix} 1 & 2 \\ 3 & 4 \end{pmatrix}$, $B = \begin{pmatrix} 5 & 6 \\ 7 & 8 \end{pmatrix}$ のとき

$$|A+B| \neq |A| + |B|$$

であることを確かめよ.

5. $\dfrac{d}{dx}\begin{vmatrix} f_1(x) & f_2(x) \\ f_3(x) & f_4(x) \end{vmatrix} = \begin{vmatrix} f_1'(x) & f_2'(x) \\ f_3(x) & f_4(x) \end{vmatrix} + \begin{vmatrix} f_1(x) & f_2(x) \\ f_3'(x) & f_4'(x) \end{vmatrix}$ を証明せよ.

(答) **1**. (1) ab (2) abc (3) $abcd$

(4) $\mathrm{sgn}\begin{pmatrix} 1 & 2 & 3 & 4 \\ 3 & 1 & 4 & 2 \end{pmatrix} abcd = -abcd$ (5) 0

2. (1) 1 (2) -6 (3) 0 **3**. (1) -7 (2) -4

4. 左辺 $= -8$, 右辺 $= -4$ **5**. 左辺と右辺を計算して等しいことを示す.

2.2　行列式の基本定理 (I)

正方行列 A に対して，値 $|A|$ を定義し，$|A|$ を行列式と呼んだ．この節と次の節で行列式の基本性質を調べる．定理の証明は 3 次の行列式で行うが，n 次の場合の証明は同様に行うことができる．

> **定理 4　基本定理 1**
>
> 行列式においてすべての行と列を入れかえても値は変わらない．
> すなわち $|{}^tA| = |A|$
>
> $$\begin{vmatrix} a_{11} & a_{12} & a_{13} \\ a_{21} & a_{22} & a_{23} \\ a_{31} & a_{32} & a_{33} \end{vmatrix} = \begin{vmatrix} a_{11} & a_{21} & a_{31} \\ a_{12} & a_{22} & a_{32} \\ a_{13} & a_{23} & a_{33} \end{vmatrix}$$

証明　$${}^tA = \begin{pmatrix} \alpha_{11} & \alpha_{12} & \alpha_{13} \\ \alpha_{21} & \alpha_{22} & \alpha_{23} \\ \alpha_{31} & \alpha_{32} & \alpha_{33} \end{pmatrix} = \begin{pmatrix} a_{11} & a_{21} & a_{31} \\ a_{12} & a_{22} & a_{32} \\ a_{13} & a_{23} & a_{33} \end{pmatrix} \text{ とおく．}$$

$$\begin{aligned} |{}^tA| &= \sum_{(p_1,p_2,p_3)} \operatorname{sgn}\begin{pmatrix} 1 & 2 & 3 \\ p_1 & p_2 & p_3 \end{pmatrix} \alpha_{1p_1}\alpha_{2p_2}\alpha_{3p_3} \\ &= \sum_{(p_1,p_2,p_3)} \operatorname{sgn}\begin{pmatrix} 1 & 2 & 3 \\ p_1 & p_2 & p_3 \end{pmatrix} a_{p_1 1}a_{p_2 2}a_{p_3 3} \end{aligned}$$

順列 (p_1, p_2, p_3) を順列 $(1, 2, 3)$ にうつしたとき，このときの入れかえで $(1, 2, 3)$ が (i_1, i_2, i_3) にうつったとすると，$\operatorname{sgn}\begin{pmatrix} 1 & 2 & 3 \\ p_1 & p_2 & p_3 \end{pmatrix}$ についての性質（定理 3）により

$$\operatorname{sgn}\begin{pmatrix} 1 & 2 & 3 \\ p_1 & p_2 & p_3 \end{pmatrix} = \operatorname{sgn}\begin{pmatrix} 1 & 2 & 3 \\ i_1 & i_2 & i_3 \end{pmatrix}$$

である．(p_1, p_2, p_3) が $1, 2, 3$ の順列のすべてにわたって動くとき，順列

(i_1, i_2, i_3) も 1, 2, 3 のすべてにわたって動くから

$$\begin{aligned} |{}^tA| &= \sum_{(p_1,p_2,p_3)} \operatorname{sgn}\begin{pmatrix} 1 & 2 & 3 \\ p_1 & p_2 & p_3 \end{pmatrix} a_{p_1 1}\, a_{p_2 2}\, a_{p_3 3} \\ &= \sum_{(i_1,i_2,i_3)} \operatorname{sgn}\begin{pmatrix} 1 & 2 & 3 \\ i_1 & i_2 & i_3 \end{pmatrix} a_{1 i_1}\, a_{2 i_2}\, a_{3 i_3} \\ &= |A| \end{aligned}$$

■

この定理により，行列式の行について成り立つ性質は列についても成り立つことがわかる．

定理 5　基本定理 2

行列式のある行（または列）を k 倍すると値は k 倍される．

$$\begin{vmatrix} a_1 & a_2 & a_3 \\ kb_1 & kb_2 & kb_3 \\ c_1 & c_2 & c_3 \end{vmatrix} = k \begin{vmatrix} a_1 & a_2 & a_3 \\ b_1 & b_2 & b_3 \\ c_1 & c_2 & c_3 \end{vmatrix}$$

証明　たとえば，第 2 行を k 倍すると

$$\begin{aligned} \begin{vmatrix} a_1 & a_2 & a_3 \\ kb_1 & kb_2 & kb_3 \\ c_1 & c_2 & c_3 \end{vmatrix} &= \sum_{(p_1,p_2,p_3)} \operatorname{sgn}\begin{pmatrix} 1 & 2 & 3 \\ p_1 & p_2 & p_3 \end{pmatrix} a_{p_1}(kb_{p_2})c_{p_3} \\ &= k \sum_{(p_1,p_2,p_3)} \operatorname{sgn}\begin{pmatrix} 1 & 2 & 3 \\ p_1 & p_2 & p_3 \end{pmatrix} a_{p_1} b_{p_2} c_{p_3} \\ &= k \begin{vmatrix} a_1 & a_2 & a_3 \\ b_1 & b_2 & b_3 \\ c_1 & c_2 & c_3 \end{vmatrix} \end{aligned}$$

■

基本定理 2 において $k=0$ とおき，次の系を得る．

基本定理 2 の系

行列式のある行（または列）がすべて 0 ならば，値は 0 である．

$$\begin{vmatrix} a_1 & a_2 & a_3 \\ 0 & 0 & 0 \\ c_1 & c_2 & c_3 \end{vmatrix} = 0$$

定理 6　基本定理 3

行列式のある 2 行（または列）を入れかえると値の符号が変わる．

$$\begin{vmatrix} a_1 & a_2 & a_3 \\ b_1 & b_2 & b_3 \\ c_1 & c_2 & c_3 \end{vmatrix} = -\begin{vmatrix} b_1 & b_2 & b_3 \\ a_1 & a_2 & a_3 \\ c_1 & c_2 & c_3 \end{vmatrix}$$

証明　たとえば A の 1 行目と 2 行目を入れかえて得られる行列を B とする．

$$\begin{aligned} |B| &= \begin{vmatrix} b_1 & b_2 & b_3 \\ a_1 & a_2 & a_3 \\ c_1 & c_2 & c_3 \end{vmatrix} = \sum \mathrm{sgn}\begin{pmatrix} 1 & 2 & 3 \\ p_1 & p_2 & p_3 \end{pmatrix} b_{p_1} a_{p_2} c_{p_3} \\ &= \sum \mathrm{sgn}\begin{pmatrix} 1 & 2 & 3 \\ p_1 & p_2 & p_3 \end{pmatrix} a_{p_2} b_{p_1} c_{p_3} \end{aligned}$$

$\mathrm{sgn}\begin{pmatrix} 1 & 2 & 3 \\ p_1 & p_2 & p_3 \end{pmatrix}$ の性質（定理 3）により

$$\mathrm{sgn}\begin{pmatrix} 1 & 2 & 3 \\ p_1 & p_2 & p_3 \end{pmatrix} = -\mathrm{sgn}\begin{pmatrix} 1 & 2 & 3 \\ p_2 & p_1 & p_3 \end{pmatrix}$$

順列 (p_1, p_2, p_3) が $1, 2, 3$ の順列のすべてにわたって動くとき，順列 (p_2, p_1, p_3) も $1, 2, 3$ の順列のすべてにわたって動くから

$$|B| = \sum -\mathrm{sgn}\begin{pmatrix} 1 & 2 & 3 \\ p_2 & p_1 & p_3 \end{pmatrix} a_{p_2} b_{p_1} c_{p_3}$$

$$= -\sum \mathrm{sgn}\begin{pmatrix} 1 & 2 & 3 \\ p_2 & p_1 & p_3 \end{pmatrix} a_{p_2} b_{p_1} c_{p_3} = -|A|$$

ゆえに，$|A| = -|B|$ ■

基本定理 3 の系

行列式のある 2 行（または 2 列）が等しいならば，値は 0 である．

$$\begin{vmatrix} b_1 & b_2 & b_3 \\ b_1 & b_2 & b_3 \\ c_1 & c_2 & c_3 \end{vmatrix} = 0$$

証明 行列式 $|A|$ の等しい 2 行を入れかえても行列式は同じ $|A|$ である．しかし，基本定理 3 によって値の符号が変わるから

$$|A| = -|A|$$

したがって，$2|A| = 0$ より $|A| = 0$ ■

【例 3】 $\begin{vmatrix} a_1 & 0 & 0 & 0 \\ b_1 & b_2 & b_3 & b_4 \\ c_1 & c_2 & c_3 & c_4 \\ d_1 & d_2 & d_3 & d_4 \end{vmatrix} = a_1 \begin{vmatrix} b_2 & b_3 & b_4 \\ c_2 & c_3 & c_4 \\ d_2 & d_3 & d_4 \end{vmatrix}$ を示せ．

(解)

$$\text{左辺} = \sum \mathrm{sgn}\begin{pmatrix} 1 & 2 & 3 & 4 \\ p_1 & p_2 & p_3 & p_4 \end{pmatrix} a_{p_1} b_{p_2} c_{p_3} d_{p_4}$$

$$= \sum \mathrm{sgn}\begin{pmatrix} 1 & 2 & 3 & 4 \\ 1 & p_2 & p_3 & p_4 \end{pmatrix} a_1 b_{p_2} c_{p_3} d_{p_4}$$

$$= a_1 \sum \mathrm{sgn}\begin{pmatrix} 2 & 3 & 4 \\ p_2 & p_3 & p_4 \end{pmatrix} b_{p_2} c_{p_3} d_{p_4} \qquad = \text{右辺}$$

□

一般の 4 次の行列式の値の計算は 2.4 で行う.

例 3 と同様の性質が n 次行列式において成立する.

$$\begin{vmatrix} a_{11} & 0 & \cdots\cdots & 0 \\ a_{21} & a_{22} & \cdots\cdots & a_{2n} \\ \vdots & \vdots & & \vdots \\ a_{n1} & a_{n2} & \cdots\cdots & a_{nn} \end{vmatrix} = a_{11} \begin{vmatrix} a_{22} & \cdots\cdots & a_{2n} \\ \vdots & & \vdots \\ a_{n2} & \cdots\cdots & a_{nn} \end{vmatrix}$$

【例 4】 $\begin{vmatrix} a_1 & 0 & 0 & 0 \\ b_1 & b_2 & 0 & 0 \\ c_1 & c_2 & c_3 & 0 \\ d_1 & d_2 & d_3 & d_4 \end{vmatrix} = \begin{vmatrix} a_1 & b_1 & c_1 & d_1 \\ 0 & b_2 & c_2 & d_2 \\ 0 & 0 & c_3 & d_3 \\ 0 & 0 & 0 & d_4 \end{vmatrix} = a_1 b_2 c_3 d_4$ を示せ.

(解) 基本定理 1 により, 左辺のすべての行と列を入れかえると第 2 式になる. 次に例の結果を用いると

$$\text{左辺} = a_1 \begin{vmatrix} b_2 & 0 & 0 \\ c_2 & c_3 & 0 \\ d_2 & d_3 & d_4 \end{vmatrix} = a_1 b_2 c_3 d_4$$

□

一般に

$$\begin{vmatrix} a_{11} & & & O \\ \vdots & a_{22} & & \\ \vdots & & \ddots & \\ a_{n1} & \cdots & \cdots & a_{nn} \end{vmatrix} = \begin{vmatrix} a_{11} & \cdots & \cdots & a_{1n} \\ & a_{22} & & \vdots \\ & & \ddots & \vdots \\ O & & & a_{nn} \end{vmatrix} = a_{11}a_{22}\cdots a_{nn}$$

が成り立つ. □

節末問題 2. 2

1. A, B を n 次正方行列とするとき，$|{}^tA + {}^tB| = |A+B|$ であることを示せ．

2. A を 3 次正方行列とし p を任意の数とするとき，$|pA| = p^3|A|$ であることを示せ．

3. A を奇数次の交代行列とする．すなわち $-{}^tA = A$ であるとき，$|A| = 0$ であることを示せ．

4. $$\begin{vmatrix} a_{11} & \cdots\cdots\cdots & a_{1n} \\ \vdots & a_{2n-1} & \\ \vdots & \iddots & \\ a_{n1} & & O \end{vmatrix}$$ の値を求めよ．

5. $|A| = \begin{vmatrix} 4 & 3 & 1 \\ 2 & 3 & 4 \\ 2 & 0 & 2 \end{vmatrix}$ について

(1) A について基本定理 1 が成り立つことを確かめよ．

(2) 基本定理 2 を用いて $|A|$ の値は 6 の倍数であることを説明せよ．

(答) **1**. $|{}^tA + {}^tB| = |{}^t(A+B)| = |A+B|$ **2**. pA の定義と基本定理 2 を用いる． **3**. A を n (奇数) 次とする．$|-{}^tA| = (-1)^n|{}^tA| = (-1)^n|A| = -|A|$，$-|A| = |A|$ より $|A| = 0$ **4**. $(-1)^{(n-1)n/2}a_{1n}\cdots a_{n1}$ **5**. (2) 1 列，2 列がそれぞれ 2，3 の倍数であることを用いる．

2.3 行列式の基本定理 (II)

前節における行列式についての 3 つの基本定理に引き続いて 2 つの定理を学ぶ.

定理 7 基本定理 4

行列式のある行（または列）が 2 つの成分の和で表されているとき，その行（列）を 2 つに分解して 2 つの行列式の和に表せる.

$$\begin{vmatrix} a_1 & a_2 & a_3 \\ b_1+b_1' & b_2+b_2' & b_3+b_3' \\ c_1 & c_2 & c_3 \end{vmatrix} = \begin{vmatrix} a_1 & a_2 & a_3 \\ b_1 & b_2 & b_3 \\ c_1 & c_2 & c_3 \end{vmatrix} + \begin{vmatrix} a_1 & a_2 & a_3 \\ b_1' & b_2' & b_3' \\ c_1 & c_2 & c_3 \end{vmatrix}$$

証明 たとえば，第 2 行が 2 つの成分の和で表されているとき

$$\begin{vmatrix} a_1 & a_2 & a_3 \\ b_1+b_1' & b_2+b_2' & b_3+b_3' \\ c_1 & c_2 & c_3 \end{vmatrix} = \sum \mathrm{sgn}\begin{pmatrix} 1 & 2 & 3 \\ p_1 & p_2 & p_3 \end{pmatrix} a_{p_1}(b_{p_2}+b'_{p_2})c_{p_3}$$

$$= \sum \mathrm{sgn}\begin{pmatrix} 1 & 2 & 3 \\ p_1 & p_2 & p_3 \end{pmatrix} a_{p_1}b_{p_2}c_{p_3} + \sum \mathrm{sgn}\begin{pmatrix} 1 & 2 & 3 \\ p_1 & p_2 & p_3 \end{pmatrix} a_{p_1}b'_{p_2}c_{p_3}$$

$$= \begin{vmatrix} a_1 & a_2 & a_3 \\ b_1 & b_2 & b_3 \\ c_1 & c_2 & c_3 \end{vmatrix} + \begin{vmatrix} a_1 & a_2 & a_3 \\ b_1' & b_2' & b_3' \\ c_1 & c_2 & c_3 \end{vmatrix}$$ ∎

【例 5】

$$\begin{vmatrix} a_1 & a_2 & a_3 \\ b_1 & b_2 & b_3 \\ c_1 & c_2 & c_3 \end{vmatrix} \underset{\text{基本定理 4}}{=} \begin{vmatrix} a_1 & 0 & 0 \\ b_1 & b_2 & b_3 \\ c_1 & c_2 & c_3 \end{vmatrix} + \begin{vmatrix} 0 & a_2 & 0 \\ b_1 & b_2 & b_3 \\ c_1 & c_2 & c_3 \end{vmatrix} + \begin{vmatrix} 0 & 0 & a_3 \\ b_1 & b_2 & b_3 \\ c_1 & c_2 & c_3 \end{vmatrix}$$

$$\underset{\text{基本定理 3}}{=} \begin{vmatrix} a_1 & 0 & 0 \\ b_1 & b_2 & b_3 \\ c_1 & c_2 & c_3 \end{vmatrix} + (-1) \begin{vmatrix} a_2 & 0 & 0 \\ b_2 & b_1 & b_3 \\ c_2 & c_1 & c_3 \end{vmatrix} + (-1)^2 \begin{vmatrix} a_3 & 0 & 0 \\ b_3 & b_1 & b_2 \\ c_3 & c_1 & c_2 \end{vmatrix}$$

$$\underset{\text{例 2.2}}{=} a_1 \begin{vmatrix} b_2 & b_3 \\ c_2 & c_3 \end{vmatrix} - a_2 \begin{vmatrix} b_1 & b_3 \\ c_1 & c_3 \end{vmatrix} + a_3 \begin{vmatrix} b_1 & b_2 \\ c_1 & c_2 \end{vmatrix}$$

定理 8　基本定理 5

行列式のある行（または列）を k 倍して他の行（列）に加えても値は変わらない．

$$\begin{vmatrix} a_1 & a_2 & a_3 \\ b_1 + ka_1 & b_2 + ka_2 & b_3 + ka_3 \\ c_1 & c_2 & c_3 \end{vmatrix} = \begin{vmatrix} a_1 & a_2 & a_3 \\ b_1 & b_2 & b_3 \\ c_1 & c_2 & c_3 \end{vmatrix}$$

証明　たとえば，第 1 行を k 倍し，第 2 行に加えると

$$\begin{vmatrix} a_1 & a_2 & a_3 \\ b_1 + ka_1 & b_2 + ka_2 & b_3 + ka_3 \\ c_1 & c_2 & c_3 \end{vmatrix} \underset{\text{基本定理 4}}{=} \begin{vmatrix} a_1 & a_2 & a_3 \\ b_1 & b_2 & b_3 \\ c_1 & c_2 & c_3 \end{vmatrix} + \begin{vmatrix} a_1 & a_2 & a_3 \\ ka_1 & ka_2 & ka_3 \\ c_1 & c_2 & c_3 \end{vmatrix}$$

$$\underset{\text{基本定理 2}}{=} \begin{vmatrix} a_1 & a_2 & a_3 \\ b_1 & b_2 & b_3 \\ c_1 & c_2 & c_3 \end{vmatrix} + k \begin{vmatrix} a_1 & a_2 & a_3 \\ a_1 & a_2 & a_3 \\ c_1 & c_2 & c_3 \end{vmatrix}$$

$$\underset{\text{基本定理 3 の系}}{=} \begin{vmatrix} a_1 & a_2 & a_3 \\ b_1 & b_2 & b_3 \\ c_1 & c_2 & c_3 \end{vmatrix}$$

■

【例 6】　$|A| = \begin{vmatrix} 1 & 3 & 2 & 1 \\ 1 & 4 & 4 & 5 \\ -1 & -2 & 1 & 2 \\ 2 & 8 & 1 & 1 \end{vmatrix}$ に行列式の基本定理を用いて三角行列の行列式に変形して値を求めよ．

(解)　基本定理 5 を 3 回用いて

$(2\text{行})+(1\text{行})\times(-1)$，　$(3\text{行})+(1\text{行})$，　$(4\text{行})+(1\text{行})\times(-2)$ より

$$|A| = \begin{vmatrix} 1 & 3 & 2 & 1 \\ 0 & 1 & 2 & 4 \\ 0 & 1 & 3 & 3 \\ 0 & 2 & -3 & -1 \end{vmatrix}$$

$(3\text{行})+(2\text{行})\times(-1)$，　$(4\text{行})+(2\text{行})\times(-2)$ より

$$|A| = \begin{vmatrix} 1 & 3 & 2 & 1 \\ 0 & 1 & 2 & 4 \\ 0 & 0 & 1 & -1 \\ 0 & 0 & -7 & -9 \end{vmatrix}$$

$(4\text{行})+(3\text{行})\times 7$ より

$$|A| = \begin{vmatrix} 1 & 3 & 2 & 1 \\ 0 & 1 & 2 & 4 \\ 0 & 0 & 1 & -1 \\ 0 & 0 & 0 & -16 \end{vmatrix} = 1\times 1\times 1\times(-16) = -16$$

□

この方法を用いると 4 次の行列式

$$\begin{vmatrix} a_1 & a_2 & a_3 & a_4 \\ b_1 & b_2 & b_3 & b_4 \\ c_1 & c_2 & c_3 & c_4 \\ d_1 & d_2 & d_3 & d_4 \end{vmatrix}$$

は基本定理をくりかえし用いて

$$\begin{vmatrix} a_{11} & a_{12} & a_{13} & a_{14} \\ 0 & a_{22} & a_{23} & a_{24} \\ 0 & 0 & a_{33} & a_{34} \\ 0 & 0 & 0 & a_{44} \end{vmatrix}$$

と変形できる．このとき行列式の値は $a_{11}\,a_{22}\,a_{33}\,a_{44}$ である．

n 次の行列式も基本定理を用い，三角行列に変形して値を求めることができる．

$$|A| = \begin{vmatrix} a_{11} & a_{12} & \cdots\cdots & a_{1n} \\ a_{21} & a_{22} & \cdots\cdots & a_{2n} \\ \vdots & \vdots & & \vdots \\ a_{n1} & a_{n2} & \cdots\cdots & a_{nn} \end{vmatrix}$$

において $a_{ij} \neq 0$ とすれば，基本定理を用いて a_{ij} を $(1, 1)$ 成分にもつ行列に変形できるから，はじめから $a_{11} \neq 0$ としてよい．

$$(2\,行) - (1\,行) \times \frac{a_{21}}{a_{11}},\ (3\,行) - (1\,行) \times \frac{a_{31}}{a_{11}},\ \cdots,\ (n\,行) - (1\,行) \times \frac{a_{n1}}{a_{11}}$$

より

$$|A| = \begin{vmatrix} a_{11} & a_{12} & \cdots\cdots & a_{1n} \\ 0 & b_{22} & \cdots\cdots & b_{2n} \\ \vdots & \vdots & & \vdots \\ 0 & b_{n2} & \cdots\cdots & b_{nn} \end{vmatrix}$$

となる．以下同様に基本定理を用いて

$$\begin{vmatrix} a_{11} & a_{12} & \cdots\cdots & a_{1n} \\ 0 & b_{22} & & \vdots \\ \vdots & \ddots & \ddots & \vdots \\ 0 & \cdots\cdots & 0 & c_{nn} \end{vmatrix}$$

の形に変形できる．このとき $|A| = a_{11}\,b_{22} \cdots c_{nn}$ である．

【例 7】 次の等式を証明せよ．

$$\begin{vmatrix} x & 1 & 1 \\ 1 & x & 1 \\ 1 & 1 & x \end{vmatrix} = (x+2)(x-1)^2$$

証明 $\begin{vmatrix} x & 1 & 1 \\ 1 & x & 1 \\ 1 & 1 & x \end{vmatrix} = \begin{vmatrix} x+2 & 1 & 1 \\ x+2 & x & 1 \\ x+2 & 1 & x \end{vmatrix}$ (1 列) + (2 列)
(1 列) + (3 列)

$$= (x+2)\begin{vmatrix} 1 & 1 & 1 \\ 1 & x & 1 \\ 1 & 1 & x \end{vmatrix} = (x+2)\begin{vmatrix} 1 & 1 & 1 \\ 0 & x-1 & 0 \\ 0 & 0 & x-1 \end{vmatrix}$$ (2 行) + (1 行) × (−1)
(3 行) + (1 行) × (−1)

$$= (x+2)(x-1)^2$$ □

【例 8】 次の等式を証明せよ．

$$|A| = \begin{vmatrix} 1 & x & x^2 \\ 1 & y & y^2 \\ 1 & z & z^2 \end{vmatrix} = (x-y)(y-z)(z-x)$$

この行列式を**ファンデルモント** (Vandermonde) **の行列式**という．

証明 $|A|$ は行列式の定義により x, y, z に関して 3 次の整式である．$x = y$ とおくと 1 行と 2 行が一致するので，基本定理 3 の系により $|A| = 0$ である．したがって剰余の定理により $|A|$ は $(x-y)$ で割り切れる．同様にして $(y-z)$, $(z-x)$ で割り切れる．$(x-y)(y-z)(z-x)$ は x, y, z についての 3 次の整式で $|A|$ の次数と一致するから，$|A| = k(x-y)(y-z)(z-x)$ と書ける．両辺の yz^2 の係数を調べ，$k = 1$ であるから

$$|A| = (x-y)(y-z)(z-x)$$ □

節末問題 2.3

1. 次の計算が誤りであることを説明せよ.

$$\begin{vmatrix} a_1 & a_2 & a_3 \\ b_1 & b_2 & b_3 \\ c_1 & c_2 & c_3 \end{vmatrix} = \begin{vmatrix} a_1+lb_1 & a_2+lb_2 & a_3+lb_3 \\ b_1+ka_1 & b_2+ka_2 & b_3+ka_3 \\ c_1 & c_2 & c_3 \end{vmatrix} : \text{同時に} \begin{cases} (1\text{行})+(2\text{行})\times l \\ \\ (2\text{行})+(1\text{行})\times k \end{cases}$$

2. 次の方程式を解け.

$$\begin{vmatrix} x-a-b & 2x & 2x \\ 2a & a-b-x & 2a \\ 2b & 2b & b-a-x \end{vmatrix} = 0$$

3. 次の行列式を因数分解せよ.

$$\begin{vmatrix} 1 & a & bc \\ 1 & b & ca \\ 1 & c & ab \end{vmatrix}$$

4. $A = \begin{pmatrix} a & b & c & d \\ -b & a & -d & c \\ -c & d & a & -b \\ -d & -c & b & a \end{pmatrix}$ について

(1) $A\,{}^tA$ を求めよ.　　(2) $|A\,{}^tA|$ の値を求めよ.

5. 次の 4 次の行列式と 5 次の行列式に基本定理を用いて三角行列の行列式に変形して値を求めよ.

(1) $\begin{vmatrix} 1 & 0 & -1 & 2 \\ 2 & 4 & -1 & 7 \\ 1 & 2 & 1 & 3 \\ 3 & 4 & 1 & 9 \end{vmatrix}$　　(2) $\begin{vmatrix} 1 & 1 & 1 & 3 & 0 \\ 4 & 2 & 2 & 7 & 2 \\ 2 & -2 & 4 & 3 & 1 \\ 2 & 0 & -2 & 5 & 1 \\ 7 & 1 & 1 & 4 & 6 \end{vmatrix}$

(答) **1.** 反例をあげる. たとえば E において $l=2,\ k=3$ のとき等号が成立しない.
2. $x=-a-b$ (3 重解)　**3.** $(b-c)(c-a)(a-b)$　**4.** (1) $(a^2+b^2+c^2+d^2)E$
(2) $(a^2+b^2+c^2+d^2)^4$　**5.** (1) 6　(2) 48

2.4 行列式の展開

2.3 節では 4 次の行列式の値を基本定理を用いて計算したが，この節では展開の公式を用いて行う．この定理は行列と行列式の性質を調べるのに重要な定理の 1 つである．ここでは主に $n=4$ で性質を調べるが，一般に $n \geqq 5$ でも成立する．

4 次の行列式を

$$|A| = \begin{vmatrix} a_1 & a_2 & a_3 & a_4 \\ b_1 & b_2 & b_3 & b_4 \\ c_1 & c_2 & c_3 & c_4 \\ d_1 & d_2 & d_3 & d_4 \end{vmatrix} \tag{1}$$

とする．$|A|$ の第 1 行を書きかえて

$$|A| = \begin{vmatrix} a_1+0 & 0+a_2 & 0+a_3 & 0+a_4 \\ b_1 & b_2 & b_3 & b_4 \\ c_1 & c_2 & c_3 & c_4 \\ d_1 & d_2 & d_3 & d_4 \end{vmatrix}$$

基本定理 4 を用いて

$$|A| = \begin{vmatrix} a_1 & 0 & 0 & 0 \\ b_1 & b_2 & b_3 & b_4 \\ c_1 & c_2 & c_3 & c_4 \\ d_1 & d_2 & d_3 & d_4 \end{vmatrix} + \begin{vmatrix} 0 & a_2 & a_3 & a_4 \\ b_1 & b_2 & b_3 & b_4 \\ c_1 & c_2 & c_3 & c_4 \\ d_1 & d_2 & d_3 & d_4 \end{vmatrix}$$

同じ定理を用いて

$$|A| = \begin{vmatrix} a_1 & 0 & 0 & 0 \\ b_1 & b_2 & b_3 & b_4 \\ c_1 & c_2 & c_3 & c_4 \\ d_1 & d_2 & d_3 & d_4 \end{vmatrix} + \begin{vmatrix} 0 & a_2 & 0 & 0 \\ b_1 & b_2 & b_3 & b_4 \\ c_1 & c_2 & c_3 & c_4 \\ d_1 & d_2 & d_3 & d_4 \end{vmatrix} + \begin{vmatrix} 0 & 0 & a_3 & 0 \\ b_1 & b_2 & b_3 & b_4 \\ c_1 & c_2 & c_3 & c_4 \\ d_1 & d_2 & d_3 & d_4 \end{vmatrix} + \begin{vmatrix} 0 & 0 & 0 & a_4 \\ b_1 & b_2 & b_3 & b_4 \\ c_1 & c_2 & c_3 & c_4 \\ d_1 & d_2 & d_3 & d_4 \end{vmatrix}$$

さらに，基本定理 3 を用いて列の入れかえを行い

$$|A| = \begin{vmatrix} a_1 & 0 & 0 & 0 \\ b_1 & b_2 & b_3 & b_4 \\ c_1 & c_2 & c_3 & c_4 \\ d_1 & d_2 & d_3 & d_4 \end{vmatrix} + (-1)\begin{vmatrix} a_2 & 0 & 0 & 0 \\ b_2 & b_1 & b_3 & b_4 \\ c_2 & c_1 & c_3 & c_4 \\ d_2 & d_1 & d_3 & d_4 \end{vmatrix}$$

$$+(-1)^2\begin{vmatrix} a_3 & 0 & 0 & 0 \\ b_3 & b_1 & b_2 & b_4 \\ c_3 & c_1 & c_2 & c_4 \\ d_3 & d_1 & d_2 & d_4 \end{vmatrix} + (-1)^3\begin{vmatrix} a_4 & 0 & 0 & 0 \\ b_4 & b_1 & b_2 & b_3 \\ c_4 & c_1 & c_2 & c_3 \\ d_4 & d_1 & d_2 & d_3 \end{vmatrix}$$

2.2，例 3 の性質

$$\begin{vmatrix} a_1 & 0 & 0 & 0 \\ b_1 & b_2 & b_3 & b_4 \\ c_1 & c_2 & c_3 & c_4 \\ d_1 & d_2 & d_3 & d_4 \end{vmatrix} = a_1\begin{vmatrix} b_2 & b_3 & b_4 \\ c_2 & c_3 & c_4 \\ d_2 & d_3 & d_4 \end{vmatrix}$$

を用いると，次の 4 次の行列式の第 1 行における展開の公式を得る．

$$|A| = a_1\begin{vmatrix} b_2 & b_3 & b_4 \\ c_2 & c_3 & c_4 \\ d_2 & d_3 & d_4 \end{vmatrix} - a_2\begin{vmatrix} b_1 & b_3 & b_4 \\ c_1 & c_3 & c_4 \\ d_1 & d_3 & d_4 \end{vmatrix} + a_3\begin{vmatrix} b_1 & b_2 & b_4 \\ c_1 & c_2 & c_4 \\ d_1 & d_2 & d_4 \end{vmatrix}$$

$$- a_4\begin{vmatrix} b_1 & b_2 & b_3 \\ c_1 & c_2 & c_3 \\ d_1 & d_2 & d_3 \end{vmatrix} \qquad (2)$$

(2) 式を記号を用いて書きなおす．

$$\begin{vmatrix} b_2 & b_3 & b_4 \\ c_2 & c_3 & c_4 \\ d_2 & d_3 & d_4 \end{vmatrix}$$

は $|A|$ の 1 行 1 列を取り除いて得られる行列式である．これを $|A_{11}|$ と書く．

行列式 $|A|$ において，i 行と j 列のすべての成分を取り除いて得られる行列式を $|A_{ij}|$ で表して

$$\tilde{a}_{ij} = (-1)^{i+j}|A_{ij}|$$

とおく.

$$\tilde{a}_{ij} = (-1)^{i+j} \left| \begin{array}{ccc|ccc} a_{11} & \cdots & a_{1j-1} & a_{1j+1} & \cdots & a_{1n} \\ \vdots & & & & & \vdots \\ a_{i-11} & & & & & a_{i-1n} \\ \hline a_{i+11} & & & & & a_{i+1n} \\ \vdots & & & & & \vdots \\ a_{n1} & \cdots & a_{nj-1} & a_{nj+1} & \cdots & a_{nn} \end{array} \right|$$

（j (j 列を除く)，i (i 行を除く)）

$\tilde{a}_{ij}$ を $|A|$ の $(i,\ j)$ 成分の**余因子**という.

この記号を用いて式 (2) を書きなおすと，4 次の行列式 $|A|$ の第 1 行における展開の公式が得られる.

$$|A| = a_1\tilde{a}_{11} + a_2\tilde{a}_{12} + a_3\tilde{a}_{13} + a_4\tilde{a}_{14} \tag{3}$$

(注) $\tilde{a}_{11}, \tilde{a}_{12}, \tilde{a}_{13}, \tilde{a}_{14}$ は $|A_{11}|, |A_{12}|, |A_{13}|, |A_{14}|$ にそれぞれ $+, -, +, -$ という符号をつけた値である. したがって $|A|$ の値を計算するときは

$$|A| = a_1|A_{11}| - a_2|A_{12}| + a_3|A_{13}| - a_4|A_{14}|$$

を計算する.

$$|A| = \begin{vmatrix} a_{11} & a_{12} & a_{13} & a_{14} \\ a_{21} & a_{22} & a_{23} & a_{24} \\ a_{31} & a_{32} & a_{33} & a_{34} \\ a_{41} & a_{42} & a_{43} & a_{44} \end{vmatrix}$$

について $|A|$ の第 i 行における展開の公式は，第 i 行を上の行と次々に入れかえて第 1 行にうつし，上と同じ方法で得られる.

$$|A| = a_{i1}\tilde{a}_{i1} + a_{i2}\tilde{a}_{i2} + a_{i3}\tilde{a}_{i3} + a_{i4}\tilde{a}_{i4}$$

一般に

$$|A| = \begin{vmatrix} a_{11} & a_{12} & \cdots & a_{1n} \\ a_{21} & a_{22} & \cdots & a_{2n} \\ \vdots & \vdots & & \vdots \\ a_{n1} & a_{n2} & \cdots & a_{nn} \end{vmatrix}$$

について，$|A|$ の $(i,\ j)$ 成分の余因子を $\tilde{a}_{ij}$ と書くと

定理 9 (展開の公式)

$|A|$ の第 i 行における展開

$$|A| = a_{i1}\tilde{a}_{i1} + a_{i2}\tilde{a}_{i2} + \cdots + a_{in}\tilde{a}_{in}$$

$|A|$ の第 j 列における展開

$$|A| = a_{1j}\tilde{a}_{1j} + a_{2j}\tilde{a}_{2j} + \cdots + a_{nj}\tilde{a}_{nj}$$

【例 9】

$$|A| = \begin{vmatrix} 2 & 1 & 4 & 3 \\ 1 & 2 & 0 & 3 \\ 0 & 1 & 0 & 0 \\ 3 & 4 & 2 & 0 \end{vmatrix}$$

の値を第 1 行で展開し求めよ．次に第 3 行で展開し値を求めよ．

(解)　第 1 行で展開

$$|A| = 2\begin{vmatrix} 2 & 0 & 3 \\ 1 & 0 & 0 \\ 4 & 2 & 0 \end{vmatrix} - \begin{vmatrix} 1 & 0 & 3 \\ 0 & 0 & 0 \\ 3 & 2 & 0 \end{vmatrix} + 4\begin{vmatrix} 1 & 2 & 3 \\ 0 & 1 & 0 \\ 3 & 4 & 0 \end{vmatrix} - 3\begin{vmatrix} 1 & 2 & 0 \\ 0 & 1 & 0 \\ 3 & 4 & 2 \end{vmatrix}$$

$$= 2 \times 6 + 4 \times (-9) - 3 \times 2 = -30$$

第 3 行で展開

$$|A| = (-1)\begin{vmatrix} 2 & 4 & 3 \\ 1 & 0 & 3 \\ 3 & 2 & 0 \end{vmatrix} = -30$$

□

(注)　この例でわかるように，行列式の値を展開の公式を用いて計算するときは，0 の多い行または列を選んで展開するとよい．

次に第 1 行と第 3 行の等しい行列式の値は基本定理 3 の系により 0 である．

$$|A| = \begin{vmatrix} a_{11} & a_{12} & a_{13} & a_{14} \\ a_{21} & a_{22} & a_{23} & a_{24} \\ a_{11} & a_{12} & a_{13} & a_{14} \\ a_{41} & a_{42} & a_{43} & a_{44} \end{vmatrix} = 0$$

$|A|$ を第 3 行で展開すると

$$|A| = a_{11}\tilde{a}_{31} + a_{12}\tilde{a}_{32} + a_{13}\tilde{a}_{33} + a_{14}\tilde{a}_{34} \tag{4}$$

(注)　(4) 式の右辺第 1 項で $\tilde{a}_{31}$ を $\tilde{a}_{11}$ と書いてはいけない．A の (3, 1) 成分は a_{11} であるが，(3, 1) 成分の余因子は $\tilde{a}_{31}$ と書かなければならない．

> **定理 10**
>
> $k \neq i$ ならば，　$a_{k1}\tilde{a}_{i1} + a_{k2}\tilde{a}_{i2} + \cdots + a_{kn}\tilde{a}_{in} = 0$
>
> $l \neq j$ ならば，　$a_{1l}\tilde{a}_{1j} + a_{2l}\tilde{a}_{2j} + \cdots + a_{nl}\tilde{a}_{nj} = 0$

【例 10】　$|A| = \begin{vmatrix} a & b \\ c & d \end{vmatrix}$ と $|B| = \begin{vmatrix} a_1 & a_2 & a_3 \\ b_1 & b_2 & b_3 \\ c_1 & c_2 & c_3 \end{vmatrix}$ の値を展開の公式を用いて求めよ．

(解)　$|A|$ を第 1 行で展開すると，$|A| = ad - bc$.

$|B|$ を第 1 行で展開すると

$$\begin{aligned} |B| &= a_1 \begin{vmatrix} b_2 & b_3 \\ c_2 & c_3 \end{vmatrix} - a_2 \begin{vmatrix} b_1 & b_3 \\ c_1 & c_3 \end{vmatrix} + a_3 \begin{vmatrix} b_1 & b_2 \\ c_1 & c_2 \end{vmatrix} \\ &= a_1b_2c_3 - a_1b_3c_2 - a_2b_1c_3 + a_2b_3c_1 + a_3b_1c_2 - a_3b_2c_1 \end{aligned}$$

□

節末問題 2.4

1. 次の行列式の余因子 $\tilde{a}_{12}, \tilde{a}_{22}, \tilde{a}_{32}$ と行列式の値を求めよ．

$$\begin{vmatrix} 1 & 2 & 3 \\ 2 & 0 & 1 \\ 3 & 2 & 4 \end{vmatrix}$$

2. 次の行列式の余因子 $\tilde{a}_{21}, \tilde{a}_{22}, \tilde{a}_{23}, \tilde{a}_{24}$ と行列式の値を求めよ．

$$\begin{vmatrix} 1 & 2 & 1 & 1 \\ 2 & 0 & 1 & 0 \\ 1 & 1 & 3 & 2 \\ 4 & 3 & 5 & 3 \end{vmatrix}$$

3. 次の行列式の第 1 行に展開の公式を用いて値を求めよ．

$$|A| = \begin{vmatrix} 1 & 2 & 3 \\ -1 & 3 & 2 \\ 2 & -1 & 4 \end{vmatrix}$$

4. 次の行列式の値を求めよ．

(1) $\begin{vmatrix} -6 & 1 & 2 & 3 \\ 3 & -6 & 1 & 2 \\ 2 & 3 & -6 & 1 \\ 1 & 2 & 3 & -6 \end{vmatrix}$　　(2) $\begin{vmatrix} 1 & 5 & 0 & 2 \\ 2 & 6 & 1 & 2 \\ 3 & 7 & 2 & 2 \\ 4 & 8 & 3 & 2 \end{vmatrix}$

5. 次の等式を証明せよ．

$$\begin{vmatrix} \lambda & -1 & 0 & 0 \\ 0 & \lambda & -1 & 0 \\ 0 & 0 & \lambda & -1 \\ a & b & c & d+\lambda \end{vmatrix} = a + b\lambda + c\lambda^2 + d\lambda^3 + \lambda^4$$

(答)　**1**. $\tilde{a}_{12} = -5$,　$\tilde{a}_{22} = -5$,　$\tilde{a}_{32} = 0$　値は 0　**2**. $\tilde{a}_{21} = 3$,　$\tilde{a}_{22} = -3$,　$\tilde{a}_{23} = -6$,　$\tilde{a}_{24} = 9$　値は 0　**3**. 15　**4**. (1) 0　(2) 0

2.5 行列式の応用 (I)

2.5.1 行列の積の行列式

この節で AB が正方行列であるとき，$|AB|$ の値を求める．

> **定理 11** A, B を n 次の正方行列とする．
> $$|AB| = |A||B|$$

証明 A, B が 3×3 行列の場合を示す．一般の場合も同様に証明できる．B の行ベクトル $\boldsymbol{b}_1, \boldsymbol{b}_2, \boldsymbol{b}_3$ とする．AB の行ベクトルは

$$\sum_{i=1}^{3} a_{1i}\boldsymbol{b}_i\,, \quad \sum_{i=1}^{3} a_{2i}\boldsymbol{b}_i\,, \quad \sum_{i=1}^{3} a_{3i}\boldsymbol{b}_i$$

である．定理 5，定理 7 をくりかえして用いて次の形に変形できる．

$$|AB| = \sum_{l,m,n=1}^{3} a_{1l}\,a_{2m}\,a_{3n} \begin{vmatrix} \boldsymbol{b}_l \\ \boldsymbol{b}_m \\ \boldsymbol{b}_n \end{vmatrix}$$

この式の和において l, m, n は 1, 2, 3 のすべての順列と考えることができるから，

$P = \begin{pmatrix} 1 & 2 & 3 \\ l & m & n \end{pmatrix}$ とすると

$$|AB| = \sum_{P} a_{1l}\,a_{2m}\,a_{3n} \begin{vmatrix} \boldsymbol{b}_l \\ \boldsymbol{b}_m \\ \boldsymbol{b}_n \end{vmatrix} = \sum_{P} a_{1l}\,a_{2m}\,a_{3n}(\operatorname{sgn} P) \begin{vmatrix} \boldsymbol{b}_1 \\ \boldsymbol{b}_2 \\ \boldsymbol{b}_3 \end{vmatrix}$$

$$= \Bigl(\sum_{P} \operatorname{sgn} P a_{1l}\,a_{2m}\,a_{3n}\Bigr)|B| = |A||B| \qquad \blacksquare$$

【例 11】 A を直交行列とする．$|A| = \pm 1$ であることを示せ．

(解) ${}^tAA = E$ である．定理 11 より

$|{}^tAA| = |{}^tA||A| = |A||A| = |E| = 1 \qquad |A|^2 = 1$ ゆえに $|A| = \pm 1$ □

2.5.2 逆 行 列

$$A = \begin{pmatrix} a_{11} & a_{12} & a_{13} \\ a_{21} & a_{22} & a_{23} \\ a_{31} & a_{32} & a_{33} \end{pmatrix}$$

に対し $(i,\, j)$ 成分の余因子 $\tilde{a}_{ij}$ を $(i,\, j)$ 成分とする行列の転置行列を

$$\tilde{A} = {}^t\!\begin{pmatrix} \tilde{a}_{11} & \tilde{a}_{12} & \tilde{a}_{13} \\ \tilde{a}_{21} & \tilde{a}_{22} & \tilde{a}_{23} \\ \tilde{a}_{31} & \tilde{a}_{32} & \tilde{a}_{33} \end{pmatrix} = \begin{pmatrix} \tilde{a}_{11} & \tilde{a}_{21} & \tilde{a}_{31} \\ \tilde{a}_{12} & \tilde{a}_{22} & \tilde{a}_{32} \\ \tilde{a}_{13} & \tilde{a}_{23} & \tilde{a}_{33} \end{pmatrix}$$

と書き，$\tilde{A}$ を A の**余因子行列**という.

$$A\tilde{A} = \begin{pmatrix} a_{11} & a_{12} & a_{13} \\ a_{21} & a_{22} & a_{23} \\ a_{31} & a_{32} & a_{33} \end{pmatrix}\begin{pmatrix} \tilde{a}_{11} & \tilde{a}_{21} & \tilde{a}_{31} \\ \tilde{a}_{12} & \tilde{a}_{22} & \tilde{a}_{32} \\ \tilde{a}_{13} & \tilde{a}_{23} & \tilde{a}_{33} \end{pmatrix}$$

を計算すると

$A\tilde{A} =$

$$\begin{pmatrix} a_{11}\tilde{a}_{11} + a_{12}\tilde{a}_{12} + a_{13}\tilde{a}_{13} & a_{11}\tilde{a}_{21} + a_{12}\tilde{a}_{22} + a_{13}\tilde{a}_{23} & a_{11}\tilde{a}_{31} + a_{12}\tilde{a}_{32} + a_{13}\tilde{a}_{33} \\ a_{21}\tilde{a}_{11} + a_{22}\tilde{a}_{12} + a_{23}\tilde{a}_{13} & a_{21}\tilde{a}_{21} + a_{22}\tilde{a}_{22} + a_{23}\tilde{a}_{23} & a_{21}\tilde{a}_{31} + a_{22}\tilde{a}_{32} + a_{23}\tilde{a}_{33} \\ a_{31}\tilde{a}_{11} + a_{32}\tilde{a}_{12} + a_{33}\tilde{a}_{13} & a_{31}\tilde{a}_{21} + a_{32}\tilde{a}_{22} + a_{33}\tilde{a}_{23} & a_{31}\tilde{a}_{31} + a_{32}\tilde{a}_{32} + a_{33}\tilde{a}_{33} \end{pmatrix}$$

定理 9，10 により

$$a_{i1}\tilde{a}_{k1} + a_{i2}\tilde{a}_{k2} + a_{i3}\tilde{a}_{k3} = \begin{cases} |A| & i = k \\ 0 & i \neq k \end{cases}$$

したがって

$$A\tilde{A} = \begin{pmatrix} |A| & 0 & 0 \\ 0 & |A| & 0 \\ 0 & 0 & |A| \end{pmatrix} = |A|\begin{pmatrix} 1 & 0 & 0 \\ 0 & 1 & 0 \\ 0 & 0 & 1 \end{pmatrix} = |A|E$$

$|A| \neq 0$ と仮定すると

$$A\frac{\tilde{A}}{|A|} = E$$

A が n 次正方行列のときも同様の計算により

$$\begin{pmatrix} a_{11} & a_{12} & \cdots & a_{1n} \\ a_{21} & a_{22} & \cdots & a_{2n} \\ \vdots & \vdots & & \vdots \\ a_{n1} & a_{n2} & \cdots & a_{nn} \end{pmatrix} \begin{pmatrix} \tilde{a}_{11} & \tilde{a}_{21} & \cdots & \tilde{a}_{n1} \\ \tilde{a}_{12} & \tilde{a}_{22} & \cdots & \tilde{a}_{n2} \\ \vdots & \vdots & & \vdots \\ \tilde{a}_{1n} & \tilde{a}_{2n} & \cdots & \tilde{a}_{nn} \end{pmatrix} = |A|E$$

$$A\tilde{A} = \tilde{A}A = |A|E$$

であることがわかる．以上により

> **定理 12**　n 次正方行列 A において
>
> $$A \text{ の逆行列 } A^{-1} \text{ が存在する} \iff |A| \neq 0$$
>
> このとき，$A^{-1} = \dfrac{\tilde{A}}{|A|}$

(注)　次のことは同値である．

$$A \text{ は正則行列} \iff |A| \neq 0 \iff A^{-1} \text{ が存在する}$$

【例 12】 $A = \begin{pmatrix} 1 & 1 & 2 \\ 2 & 3 & 1 \\ 1 & 2 & 1 \end{pmatrix}$ の逆行列 A^{-1} を求めよ．

(解)　$|A| = 2$

$$\tilde{a}_{11} = \begin{vmatrix} 3 & 1 \\ 2 & 1 \end{vmatrix} = 1 \quad \tilde{a}_{12} = -\begin{vmatrix} 2 & 1 \\ 1 & 1 \end{vmatrix} = -1 \quad \tilde{a}_{13} = \begin{vmatrix} 2 & 3 \\ 1 & 2 \end{vmatrix} = 1$$

$$\tilde{a}_{21} = -\begin{vmatrix} 1 & 2 \\ 2 & 1 \end{vmatrix} = 3 \quad \tilde{a}_{22} = \begin{vmatrix} 1 & 2 \\ 1 & 1 \end{vmatrix} = -1 \quad \tilde{a}_{23} = -\begin{vmatrix} 1 & 1 \\ 1 & 2 \end{vmatrix} = -1$$

$$\tilde{a}_{31} = \begin{vmatrix} 1 & 2 \\ 3 & 1 \end{vmatrix} = -5 \quad \tilde{a}_{32} = -\begin{vmatrix} 1 & 2 \\ 2 & 1 \end{vmatrix} = 3 \quad \tilde{a}_{33} = \begin{vmatrix} 1 & 1 \\ 2 & 3 \end{vmatrix} = 1$$

したがって

$$A^{-1} = \frac{\tilde{A}}{|A|} = \frac{1}{2}\,{}^t\!\begin{pmatrix} 1 & -1 & 1 \\ 3 & -1 & -1 \\ -5 & 3 & 1 \end{pmatrix} = \frac{1}{2}\begin{pmatrix} 1 & 3 & -5 \\ -1 & -1 & 3 \\ 1 & -1 & 1 \end{pmatrix} \qquad \square$$

(注 1)　A^{-1} の計算において (i, j) 成分の余因子 $\tilde{a}_{ij}$ には符号 $(-1)^{i+j}$ がつく．

(注 2)　$^t\tilde{A}$ を計算してから，これを転置して $\tilde{A}$ を求める．

【例13】　A を直交行列とする．$A^{-1} = {}^tA$ であることを示せ．

(解)　${}^tAA = E$ である．例 11 により $|A| = \pm 1 \neq 0$．したがって A^{-1} が存在する．$({}^tAA)A^{-1} = EA^{-1}$ より $A^{-1} = {}^tA$ □

2.5.3　連立 1 次方程式

この項では，連立方程式の解を行列式を用いて表す．次の連立方程式を考える．

$$\begin{cases} a_{11}x_1 + a_{12}x_2 + a_{13}x_3 = b_1 & (1) \\ a_{21}x_1 + a_{22}x_2 + a_{23}x_3 = b_2 & (2) \\ a_{31}x_1 + a_{32}x_2 + a_{33}x_3 = b_3 & (3) \end{cases}$$

$A = \begin{pmatrix} a_{11} & a_{12} & a_{13} \\ a_{21} & a_{22} & a_{23} \\ a_{31} & a_{32} & a_{33} \end{pmatrix}$ とおき，A の $(i,\ j)$ 成分の余因子を $\tilde{a}_{ij}$ とする．

$(1) \times \tilde{a}_{11}, (2) \times \tilde{a}_{21}, (3) \times \tilde{a}_{31}$ の左辺と右辺のそれぞれを加え

$$\begin{aligned} &a_{11}\tilde{a}_{11}x_1 + a_{12}\tilde{a}_{11}x_2 + a_{13}\tilde{a}_{11}x_3 \\ &+a_{21}\tilde{a}_{21}x_1 + a_{22}\tilde{a}_{21}x_2 + a_{23}\tilde{a}_{21}x_3 \\ &+a_{31}\tilde{a}_{31}x_1 + a_{32}\tilde{a}_{31}x_2 + a_{33}\tilde{a}_{31}x_3 = b_1\tilde{a}_{11} + b_2\tilde{a}_{21} + b_3\tilde{a}_{31} \qquad (4) \end{aligned}$$

定理 10 より

$$\begin{cases} a_{11}\tilde{a}_{11} + a_{21}\tilde{a}_{21} + a_{31}\tilde{a}_{31} = |A| \\ a_{12}\tilde{a}_{11} + a_{22}\tilde{a}_{21} + a_{32}\tilde{a}_{31} = 0 \\ a_{13}\tilde{a}_{11} + a_{23}\tilde{a}_{21} + a_{33}\tilde{a}_{31} = 0 \end{cases}$$

であるから

$$(4)\text{ 式の左辺} = |A|x_1$$

$$(4)\text{ 式の右辺} = b_1\tilde{a}_{11} + b_2\tilde{a}_{21} + b_3\tilde{a}_{31} = \begin{vmatrix} b_1 & a_{12} & a_{13} \\ b_2 & a_{22} & a_{23} \\ b_3 & a_{32} & a_{33} \end{vmatrix} = |D_1|$$

とおく．したがって

$$|A|x_1 = |D_1|$$

もし

$$|A| \neq 0 \quad ならば \quad x_1 = \frac{|D_1|}{|A|}$$

同様に，$(1) \times \tilde{a}_{12}$, $(2) \times \tilde{a}_{22}$, $(3) \times \tilde{a}_{32}$ および $(1) \times \tilde{a}_{13}$, $(2) \times \tilde{a}_{23}$, $(3) \times \tilde{a}_{33}$ の左辺と右辺をそれぞれ加えて，

$$x_2 = \frac{|D_2|}{|A|}, \qquad x_3 = \frac{|D_3|}{|A|}$$

を得る．ここで $|D_2|$, $|D_3|$ は $|A|$ の第 2 列，第 3 列をそれぞれ $\begin{pmatrix} b_1 \\ b_2 \\ b_3 \end{pmatrix}$ でおきかえた行列式である．

一般に，連立方程式

$$\begin{cases} a_{11}x_1 + \cdots + a_{1i}x_i + \cdots + a_{1n}x_n = b_1 \\ a_{21}x_1 + \cdots + a_{2i}x_i + \cdots + a_{2n}x_n = b_2 \\ \cdots\cdots\cdots\cdots\cdots\cdots\cdots\cdots\cdots\cdots\cdots \\ a_{n1}x_1 + \cdots + a_{ni}x_i + \cdots + a_{nn}x_n = b_n \end{cases} \tag{5}$$

において，$|A| = \begin{vmatrix} a_{11} & \cdots & a_{1i} & \cdots & a_{1n} \\ a_{21} & \cdots & a_{2i} & \cdots & a_{2n} \\ \vdots & & \vdots & & \vdots \\ a_{n1} & \cdots & a_{ni} & \cdots & a_{nn} \end{vmatrix}$ とおき，$|A|$ の i 列を $\begin{pmatrix} b_1 \\ b_2 \\ \vdots \\ b_n \end{pmatrix}$ でおきかえた行列式を $|D_i|$ とおく．

$$|D_i| = \begin{vmatrix} a_{11} & \cdots & b_1 & \cdots & a_{1n} \\ a_{21} & \cdots & b_2 & \cdots & a_{2n} \\ \vdots & & \vdots & & \vdots \\ a_{n1} & \cdots & b_n & \cdots & a_{nn} \end{vmatrix}$$

定理 13 (クラーメル (Cramer) の公式)
連立 1 次方程式 (5) において,

$$|A| \neq 0 \quad \Longrightarrow \quad x_i = \frac{|D_i|}{|A|} \quad (i = 1, 2, \cdots, n)$$

証明 連立方程式 (5) の第 1 式, 2 式, $\cdots$, n 式にそれぞれ $\tilde{a}_{1i}, \tilde{a}_{2i}, \cdots, \tilde{a}_{ni}$ をかけて, $n = 3$ の場合と同様にできる. ∎

【例 14】 連立方程式

$$\begin{cases} x - y + z = -2 \\ 2x + y + 3z = 3 \\ x + 2y - z = 2 \end{cases}$$

をクラーメルの公式を用いて解け.

(解)

$$|A| = \begin{vmatrix} 1 & -1 & 1 \\ 2 & 1 & 3 \\ 1 & 2 & -1 \end{vmatrix} = -9$$

$$|D_1| = \begin{vmatrix} -2 & -1 & 1 \\ 3 & 1 & 3 \\ 2 & 2 & -1 \end{vmatrix} = 9, \quad |D_2| = \begin{vmatrix} 1 & -2 & 1 \\ 2 & 3 & 3 \\ 1 & 2 & -1 \end{vmatrix} = -18$$

$$|D_3| = \begin{vmatrix} 1 & -1 & -2 \\ 2 & 1 & 3 \\ 1 & 2 & 2 \end{vmatrix} = -9$$

ゆえに

$$x = \frac{|D_1|}{|A|} = -1, \quad y = \frac{|D_2|}{|A|} = 2, \quad z = \frac{|D_3|}{|A|} = 1$$ □

連立方程式 (5) において, $b_1 = b_2 = \cdots = b_n = 0$ であるとき, 次の連立斉 1 次方程式

$$\begin{cases} a_{11}x_1 + \cdots + a_{1i}x_i + \cdots + a_{1n}x_n = 0 \\ a_{21}x_1 + \cdots + a_{2i}x_i + \cdots + a_{2n}x_n = 0 \\ \cdots\cdots\cdots\cdots\cdots\cdots\cdots\cdots\cdots\cdots \\ a_{n1}x_1 + \cdots + a_{ni}x_i + \cdots + a_{nn}x_n = 0 \end{cases} \tag{6}$$

は解 $x_1 = x_2 = \cdots = x_n = 0$ をもつ．これを式 (6) の**自明な解**という．

> **定理 14**　連立斉 1 次方程式 (6) が自明な解 $(x_1 = x_2 = \cdots = x_n = 0)$ 以外の解をもつ．
>
> $$\Longleftrightarrow \quad |A| = 0$$

証明　($\longrightarrow$) 対偶を考える．もしも，$|A| \neq 0$ であるならば，クラーメルの公式によって解は $x_1 = x_2 = \cdots = x_n = 0$ だけであるから $|A| = 0$ は必要である．

($\longleftarrow$) $|A| = 0$ であるとする．数学的帰納法で示す．

(i)　$n = 1$ のとき方程式は $a_{11}x_1 = 0$．仮定より $|a_{11}| = a_{11} = 0$．したがって，方程式は $x_1 = 0$ 以外の任意の数で成立する．

次に，$n = k$ で成立すると仮定して $n = k + 1$ で成立することを示せばよいが，ここでは $n = 2$ の場合を示す．一般の場合は $n = 2$ の場合とほとんど同様に示すことができる．

(ii)　$n = 2$ のとき

$$\begin{cases} a_{11}x_1 + a_{12}x_2 = 0 & (1) \\ a_{21}x_1 + a_{22}x_2 = 0 & (2) \end{cases}$$

4 つの係数 a_{ij} のうち 1 つは 0 でないとする．$a_{11} \neq 0$ としてよい．

$(2) - (1) \times \dfrac{a_{21}}{a_{11}}$ より

$$\begin{cases} a_{11}x_1 + a_{12}x_2 = 0 \\ \qquad\quad\ a_{22}'x_2 = 0 \end{cases}$$

仮定より $\begin{vmatrix} a_{11} & a_{12} \\ a_{21} & a_{22} \end{vmatrix} = 0$　したがって　$\begin{vmatrix} a_{11} & a_{12} \\ 0 & a_{22}' \end{vmatrix} = a_{11}a_{22}' = 0$

$a_{11} \neq 0$ より $a_{22}' = 0$ ゆえに $a_{22}'x_2 = 0$ は (i) より $x_2 = 0$ 以外の解をもつ．これを $x_2 = c_2(\neq 0)$ とする．

$x_2 = c_2$ を式 (1) に代入すると x_1 の値が求まる．したがって連立方程式 (1), (2) には $x_1 = x_2 = 0$ 以外の解が存在する． ■

【例 15】

$$\begin{cases} 2x - 7y + 6z = 0 \\ 3x - 6y + 4z = 0 \end{cases}$$ を解け．

(解)

$z = c$ とおき x, y について解くと，$x = \dfrac{8}{9}c, y = \dfrac{10}{9}c$. したがって解は

$$x = \frac{8}{9}c, \quad y = \frac{10}{9}c, \quad z = c \qquad (c \text{ は任意定数})$$

$\dfrac{1}{9}c = c_1$ とおくと

$$\begin{pmatrix} x \\ y \\ z \end{pmatrix} = \begin{pmatrix} \frac{8}{9}c \\ \frac{10}{9}c \\ c \end{pmatrix} = \begin{pmatrix} 8c_1 \\ 10c_1 \\ 9c_1 \end{pmatrix} \quad (c_1 \text{ は任意定数})$$ □

節末問題 2.5

1.　$$\begin{pmatrix} x^2+y^2 & yz & zx \\ yz & z^2+x^2 & xy \\ zx & xy & y^2+x^2 \end{pmatrix} = \begin{pmatrix} 0 & x & y \\ x & 0 & z \\ y & z & 0 \end{pmatrix}\begin{pmatrix} 0 & x & y \\ x & 0 & z \\ y & z & 0 \end{pmatrix}$$

を用いて次の行列式を計算せよ．

$$\begin{vmatrix} x^2+y^2 & yz & zx \\ yz & z^2+x^2 & xy \\ zx & xy & y^2+x^2 \end{vmatrix}$$

2.　次の行列式に逆行列はあるか．あればそれを求めよ．ただし，a は実数とする．

(1)　$A = \begin{pmatrix} 6 & -4 \\ 9 & -6 \end{pmatrix}$　　　(2)　$B = \begin{pmatrix} \sin\theta & -\cos\theta \\ \cos\theta & \sin\theta \end{pmatrix}$

3.　次の行列 A の逆行列を求めよ．

(1)　$\begin{pmatrix} 3 & 8 & 3 \\ 5 & 0 & 2 \\ 2 & 1 & 1 \end{pmatrix}$　　　(2)　$\begin{pmatrix} 3 & -1 & 2 \\ 1 & 1 & 1 \\ 4 & -1 & 3 \end{pmatrix}$

4.　次の連立方程式を解け．

(1)　$\begin{cases} x-3y-z=0 \\ 3x-y+2z=3 \\ 2x+y+z=4 \end{cases}$　　　(2)　$\begin{cases} x+2y+3z=0 \\ 2x+y+3z=4 \\ 3x-2y+z=1 \end{cases}$

5.　次の方程式が自明でない解をもつように λ を定めよ．

$$\begin{cases} x-3y \qquad = -\lambda y \\ x \qquad -3z = -\lambda z \\ 2x-y-z = \lambda x \end{cases}$$

(答)　**1**.　$4x^2y^2z^2$　**2**.　(1) $|A| = 0$ より A^{-1} は存在しない.

(2) $B^{-1} = \begin{pmatrix} \sin\theta & \cos\theta \\ -\cos\theta & \sin\theta \end{pmatrix}$　**3**.　(1) $\begin{pmatrix} -2 & -5 & 16 \\ -1 & -3 & 9 \\ 5 & 13 & -40 \end{pmatrix}$

(2) $\begin{pmatrix} 4 & 1 & -3 \\ 1 & 1 & -1 \\ -5 & -1 & 4 \end{pmatrix}$　**4**.　(1) $x = 2,\ y = 1,\ z = -1$　(2) 解なし

5.　$\lambda = 1,\ 3,\ 4$

2.6　行列式の応用 (II)

2.6.1　小　行　列　式

$m \times n$ 行列 A の第 i_1 行, i_2 行, $\cdots$, i_r 行と第 j_1 列, j_2 列, $\cdots$, j_r 列の交わったところにある成分をその順序に取り出してつくった行列式を r 次の**小行列式**といい, $\left| A \begin{pmatrix} i_1\, i_2 \cdots i_r \\ j_1\, j_2 \cdots j_r \end{pmatrix} \right|$ と書く.

$m \geqq r, n \geqq r$ ならば A の r 次の小行列式の個数は ${}_m\mathrm{C}_r \times {}_n\mathrm{C}_r$ 個ある.

【例 16】 $A = \begin{pmatrix} 4 & 2 & 6 \\ -1 & 1 & 3 \end{pmatrix}$ の小行列式とその値を求めよ.

(解) 3 次以上の小行列式は存在しない.
2 次の小行列式は次の 3 個である.

$$\begin{vmatrix} 2 & 6 \\ 1 & 3 \end{vmatrix} = 0, \quad \begin{vmatrix} 4 & 6 \\ -1 & 3 \end{vmatrix} = 18, \quad \begin{vmatrix} 4 & 2 \\ -1 & 1 \end{vmatrix} = 6$$

1 次の小行列式は次の 6 個である.

$$|4| = 4, \quad |2| = 2, \quad |6| = 6$$
$$|-1| = -1, \quad |1| = 1, \quad |3| = 3$$

□

2.6.2　行　列　の　階　数

A は零行列 O でない $m \times n$ 行列とする. A において $r+1$ 次の小行列式が存在しないかまたはすべて 0 で, r 次の小行列式のなかに 0 でないものが存在すれば A の**階数**は r であるといい $\operatorname{rank} A = r$ と書く.

零行列 O の階数は 0 であるとする.

【例 17】 $A = \begin{pmatrix} 1 & 2 & 1 \\ 3 & 1 & -2 \\ 2 & -1 & -3 \end{pmatrix}$ と $B = \begin{pmatrix} 1 & 2 & 1 & 1 \\ 3 & 1 & -2 & 2 \\ 2 & -1 & -3 & 3 \end{pmatrix}$ の階数を求めよ.

(解) A において 3 次の小行列式は $|A| = 0$ である.

A において 9 個ある 2 次の小行列式の中で，$\begin{vmatrix} 1 & 2 \\ 3 & 1 \end{vmatrix} \neq 0$

ゆえに，$\operatorname{rank} A = 2$

次に，B において 4 次の小行列式は存在しない．4 個ある 3 次の小行列式の中で，$\begin{vmatrix} 1 & 1 & 1 \\ 3 & -2 & 2 \\ 2 & -3 & 3 \end{vmatrix} \neq 0$

ゆえに，$\operatorname{rank} B = 3$ □

(注 1)　B の 4 個ある 3 次の小行列式の 1 つが $|A|$ で $|A| = 0$ である．しかし値が 0 でない 3 次の小行列式が少なくとも 1 つ存在するから定義により $\operatorname{rank} B = 3$ である．

(注 2)　3×4 行列の階数 $r \leqq 3$ である．一般に $m \times n$ 行列 A において，$m \leqq n$ ならば $\operatorname{rank} A \leqq m$ である．

> **定理 15　(行列の基本変形)**
> 行列 A に次の変形をほどこしても A の階数は変わらない．
> (1)　ある行（または列）を $k(\neq 0)$ 倍する．
> (2)　2 つの行（または列）を入れかえる．
> (3)　ある行（または列）の k 倍を他の行（列）に加える．

証明　行列 A の階数を r とする．A に基本変形をほどこして B になったとする．

(1) と (2) は階数の定義よりただちにわかる．

(3) の場合，

たとえば，$A = \begin{pmatrix} a_{11} & a_{12} & a_{13} & a_{14} \\ a_{21} & a_{22} & a_{23} & a_{24} \\ a_{31} & a_{32} & a_{33} & a_{34} \end{pmatrix}$ の第 2 行を k 倍して第 1 行に加えて

$$B = \begin{pmatrix} a_{11}+ka_{21} & a_{12}+ka_{22} & a_{13}+ka_{23} & a_{14}+ka_{24} \\ a_{21} & a_{22} & a_{23} & a_{24} \\ a_{31} & a_{32} & a_{33} & a_{34} \end{pmatrix}$$

とする．$\operatorname{rank} A = 2$ とすると，A に値が 0 でない 2 次の小行列式 $|A_2|$ が存在し，3 次の小行列式はすべて値が 0 である．

B の任意の 3 次の小行列式は，第 1 行を行列式の基本定理 4 を用いて 2 つの行列式の和に分解すると 1 つは A の 3 次の小行列式で，他の 1 つは値が 0 である．したがって B のすべての 3 次の小行列式は 0 である．

次に，B において値が 0 でない 2 次の小行列式が存在することを示すことができる． ∎

2.6.3 基 本 変 形

定理 16 $m \times n$ 行列 A が O でないなら A に行列の基本変形をほどこして

$$\left(\begin{array}{c|c} E & O \\ \hline O & O \end{array}\right) = \left(\begin{array}{cccc|c} 1 & \cdots\cdots & & 0 & \\ \vdots & 1 & & \vdots & \\ \vdots & & \ddots & \vdots & O \\ 0 & \cdots\cdots & & 1 & \\ \hline & O & & & O \end{array}\right)$$

の形に変形することができる．このとき A の階数は単位行列 E の次数 r である．

証明 $A = \begin{pmatrix} a_{11} & a_{12} & \cdots & a_{1n} \\ a_{21} & a_{22} & \cdots & a_{2n} \\ \vdots & \vdots & & \vdots \\ a_{m1} & a_{m2} & \cdots & a_{mn} \end{pmatrix}$ とする．

$A \neq O$ であるから $a_{ij} \neq 0$ である成分がある．A に行列の基本変形 (2) を

ほどこして a_{ij} を $(1,1)$ 成分に移すことができるから $a_{11} \neq 0$ と考えてよい．1 行に $1/a_{11}$ を掛けると $a_{11}=1$ となる．さらに次の基本変形をほどこす．

(2 行) + (1 行) × $(-a_{21})$, (3 行) + (1 行) × $(-a_{31}), \cdots,$ (m 行) + (1 行) × $(-a_{m1})$

および

(2 列) + (1 列) × $(-a_{12})$, (3 列) + (1 列) × $(-a_{13}), \cdots,$ (n 列) + (1 列) × $(-a_{1n})$

その結果，行列 A は次の形に変形される．

$$\left(\begin{array}{c|ccc} 1 & 0 & \cdots & 0 \\ \hline 0 & & & \\ \vdots & & A_1 & \\ 0 & & & \end{array}\right)$$

もし $A_1 = O$ ならば，これが求める行列である．もし $A_1 \neq O$ ならば同様の方法で基本変形を用いて

$$\left(\begin{array}{cc|c} 1 & 0 & \\ 0 & 1 & O \\ \hline & & \\ \multicolumn{2}{c|}{O} & A_2 \\ & & \end{array}\right)$$

とできる．以下同様にして $\left(\begin{array}{c|c} E & O \\ \hline O & O \end{array}\right)$ の形に変形できる． ∎

2.6.4 連立方程式と行列の階数

連立方程式

$$\begin{cases} 2x + 7y + 3z = 13 \\ x + 3y + 2z = 5 \\ x + y + 3z = 0 \end{cases} \tag{1}$$

の係数よりつくった行列を

$$A=\begin{pmatrix}2&7&3\\1&3&2\\1&1&3\end{pmatrix},\qquad B=\left(\begin{array}{ccc|c}2&7&3&13\\1&3&2&5\\1&1&3&0\end{array}\right)$$

とする．A を**係数行列**，B を**拡大係数行列**という．

B に行の基本変形をほどこすと

$$C=\left(\begin{array}{ccc|c}1&0&0&1\\0&1&0&2\\0&0&1&-1\end{array}\right)$$

となることより，(1) 式はただ 1 組の解 $x=1,\ y=2,\ z=-1$ をもつことがわかった．このとき行の基本変形によって行列の階数は変わらないから B の階数は

$$\mathrm{rank}\,B=\mathrm{rank}\,C=\mathrm{rank}\begin{pmatrix}1&0&0&1\\0&1&0&2\\0&0&1&-1\end{pmatrix}=\mathrm{rank}\begin{pmatrix}1&0&0&0\\0&1&0&0\\0&0&1&0\end{pmatrix}=3$$

である．また，A は B の第 4 列を取り除いた行列であるから，$\mathrm{rank}\,A=3$ である．

したがって，連立方程式に解がただ 1 組存在するときは $\mathrm{rank}\,A=\mathrm{rank}\,B=3$ である．

この考え方を一般化する．連立方程式

$$\begin{cases}a_{11}x_1+a_{12}x_2+a_{13}x_3=b_1\\a_{21}x_1+a_{22}x_2+a_{23}x_3=b_2\\a_{31}x_1+a_{32}x_2+a_{33}x_3=b_3\end{cases}\qquad(2)$$

の係数行列と拡大係数行列は

$$A=\begin{pmatrix}a_{11}&a_{12}&a_{13}\\a_{21}&a_{22}&a_{23}\\a_{31}&a_{32}&a_{33}\end{pmatrix},\quad B=\left(\begin{array}{ccc|c}a_{11}&a_{12}&a_{13}&b_1\\a_{21}&a_{22}&a_{23}&b_2\\a_{31}&a_{32}&a_{33}&b_3\end{array}\right)$$

となる．B に基本変形をほどこし

$$C = \begin{pmatrix} \alpha_{11} & \alpha_{12} & \alpha_{13} & \beta_1 \\ 0 & \alpha_{22} & \alpha_{23} & \beta_2 \\ 0 & 0 & \alpha_{33} & \beta_3 \end{pmatrix}$$

の形にできる．このとき

$$\operatorname{rank} A = \operatorname{rank} \begin{pmatrix} \alpha_{11} & \alpha_{12} & \alpha_{13} \\ 0 & \alpha_{22} & \alpha_{23} \\ 0 & 0 & \alpha_{33} \end{pmatrix}$$

$$\operatorname{rank} B = \operatorname{rank} C$$

である．

さらに未知数の順序を適当に入れかえておくと

① $\alpha_{11} \neq 0, \quad \alpha_{22} \neq 0, \quad \alpha_{33} \neq 0$

② $\alpha_{11} \neq 0, \quad \alpha_{22} \neq 0, \quad \alpha_{33} = 0$

③ $\alpha_{11} \neq 0, \quad \alpha_{22} = 0, \quad \alpha_{33} = 0, \quad (\alpha_{23} = 0)$

のいずれかに変形することができる．

① の場合，解がただ 1 組存在する．このとき

$$\operatorname{rank} A = \operatorname{rank} B = 3 \tag{3}$$

逆に (3) 式が成り立つならば，階数の定義より $|A| \neq 0$ であるからクラーメルの公式により (2) 式はただ 1 組の解をもつ．

② の場合，$\beta_3 = 0$ ならば解は無数に存在する．このとき

$$\operatorname{rank} A = \operatorname{rank} B = 2 \tag{4}$$

$\beta_3 \neq 0$ ならば解は存在しない．このとき

$$\operatorname{rank} A \neq \operatorname{rank} B \tag{5}$$

③ の場合，$\beta_2 = \beta_3 = 0$ ならば解は無数に存在する．このとき

$$\operatorname{rank} A = \operatorname{rank} B = 1$$

$\beta_2 \neq 0$ または $\beta_3 \neq 0$ ならば解は存在しない．このとき

$$\operatorname{rank} A \neq \operatorname{rank} B$$

一般の連立方程式に対しても同様の性質が成り立つ．

$$\begin{cases} a_{11}x_1 + a_{12}x_2 + \cdots\cdots + a_{1n}x_n = b_1 \\ a_{21}x_1 + a_{22}x_2 + \cdots\cdots + a_{2n}x_n = b_2 \\ \cdots\cdots\cdots\cdots\cdots\cdots\cdots\cdots\cdots\cdots\cdots \\ a_{m1}x_1 + a_{m2}x_2 + \cdots + a_{mn}x_n = b_m \end{cases} \tag{6}$$

の係数行列と拡大係数行列を

$$A = \begin{pmatrix} a_{11} & a_{12} & \cdots & a_{1n} \\ a_{21} & a_{22} & \cdots & a_{2n} \\ \vdots & \vdots & & \vdots \\ a_{m1} & a_{m2} & \cdots & a_{mn} \end{pmatrix}, \quad B = \begin{pmatrix} a_{11} & a_{12} & \cdots & a_{1n} & b_1 \\ a_{21} & a_{22} & \cdots & a_{2n} & b_2 \\ \vdots & \vdots & & \vdots & \vdots \\ a_{m1} & a_{m2} & \cdots & a_{mn} & b_m \end{pmatrix}$$

とする.

定理 17 連立 1 次方程式 (6) が

(1) 解をただ 1 組もつ $\iff$ $\mathrm{rank}A = \mathrm{rank}B = n$

(2) 解を無数にもつ $\iff$ $\mathrm{rank}A = \mathrm{rank}B < n$

(3) 解をもたない $\iff$ $\mathrm{rank}A \neq \mathrm{rank}B$

(3) は (1) と (2) の対偶であるから成り立つ.

節末問題 2.6

1. 次の行列の階数を求めよ.

(1) $\begin{pmatrix} 1 & 2 & 3 & 4 \\ 4 & 1 & 2 & 3 \\ 3 & 4 & 1 & 2 \\ 2 & 3 & 4 & 1 \end{pmatrix}$ (2) $\begin{pmatrix} 0 & 1 & 1 & 1 \\ 1 & 0 & 1 & 1 \\ 1 & 1 & 0 & 1 \\ 1 & 1 & 1 & 0 \end{pmatrix}$

(3) $\begin{pmatrix} -1 & 1 & -1 & -1 \\ 2 & 0 & 0 & 2 \\ 1 & 2 & -3 & -1 \\ -3 & -4 & 7 & 7 \end{pmatrix}$

2. 次の行列の階数を求めよ.

(1) $\begin{pmatrix} 0 & a & b \\ a & 0 & c \\ b & c & 0 \end{pmatrix}$ (2) $\begin{pmatrix} 1 & a & a \\ a & 1 & a \\ a & a & 1 \end{pmatrix}$

3. $\boldsymbol{a}_1 = (1,\ 3,\ 2,\ -1)$, $\boldsymbol{a}_2 = (1,\ 2,\ 1,\ 4)$, $\boldsymbol{a}_3 = \boldsymbol{a}_1 + \boldsymbol{a}_2$,

$\boldsymbol{a}_4 = 2\boldsymbol{a}_1 - \boldsymbol{a}_2$, $\boldsymbol{A} = \begin{pmatrix} \boldsymbol{a}_1 \\ \boldsymbol{a}_2 \\ \boldsymbol{a}_3 \\ \boldsymbol{a}_4 \end{pmatrix}$ とするとき, A の階数を求めよ.

4. 次の連立方程式が解をもつかどうか行列式の階数を用いて調べよ．

(1) $\begin{cases} x - y - z = 4 \\ 2x + y + 2z = 5 \\ x + 2y + 3z = 5 \end{cases}$ (2) $\begin{cases} 2x + y + z = 0 \\ -x + 2y + z = -4 \\ -4x + 7y + 5z = -8 \end{cases}$

5. 連立方程式

$$\begin{cases} x + cy + 2z = 1 \\ 3x - 4y + cz = -5 \\ 2x - y + cz = -2 \end{cases}$$

について

(1) ただ 1 組の解をもつ

(2) 無数に解をもつ

(3) 解をもたない

ように c を定めよ．

(答) **1**. (1) 4 (2) 4 (3) 4 **2**. (1) $abc \neq 0$ のとき 3 $a = b = c = 0$ のとき 0 その他 2 (2) $a \neq 1, a \neq \dfrac{1}{2}$ $\to$ 3 $a = \dfrac{1}{2}$ $\to$ 2 $a = 1$ $\to$ 1 **3**. 2
4. (1) rank $A = 2$, rank $B = 3$ 解なし (2) rank $A =$ rank $B = 3$ 解 1 組
5. (1) $c \neq 2, -5$ (2) $c = 2$ (3) $c = -5$

章末問題 2

1. 次の行列を 2 つの行列の積で表し，これを用いて $|A|$ の値を求めよ．

$$A = \begin{pmatrix} x+a & x+b & x+c \\ y+a & y+b & y+c \\ z+a & z+b & z+c \end{pmatrix}$$

2. $|A^n| = |A|^n$ を示せ．

3. $\tilde{A}A = |A|B$ の形になおすとき，行列 B は何か．

4. A を $|A| = 2$ である 3 次の行列とする．$|\tilde{A}\,{}^tA|$ の値を求めよ．

5. A を 3 次の実正方行列とする．$A\,{}^tA = O$ ならば $A = O$ であることを示せ．

6. 3 次の正方行列 A の成分 a_{ij} はすべて $1 \leqq a_{ij} \leqq 9$ である整数とする．$|A| = 6$ である例をつくれ．

(答) **1**. 0　　**2**. $|A^n| = |A \cdots A| = |A| \cdots |A| = |A|^n$
3. E
4. $|\tilde{A}\,{}^tA| = |\tilde{A}||\,{}^tA| = |\tilde{A}||A| = |\tilde{A}A|$　3 より $||A|E| = |A|^3|E| = 8$
5. $A \neq O$ とすると A のある (i, j) 成分 $a_{ij} \neq 0$, $A\,{}^tA$ の (i, j) 成分は $a_{i1}^2 + a_{i2}^2 + a_{i3}^2 \neq 0$ (このうちどれかが $a_{ij}^2 \neq 0$) $A\,{}^tA = O$ に反する．ゆえに，$A = O$
6. たとえば，対角線成分が 1, 2, 3 で他の成分がすべて 0 の行列を B とする．$|B| = 6$．基本定理 5 を用いて $|B|$ の成分が条件に合うように変形する．

3

ベクトル空間

3.1　ベクトルの 1 次独立性

2 つのベクトル $\boldsymbol{u}_1, \boldsymbol{u}_2$ の関係について次の 2 通りが考えられる．

(1) $\boldsymbol{a}_1 = k\boldsymbol{a}_2$ と書ける場合．

たとえば，$\boldsymbol{a}_1 = \begin{pmatrix} 3 \\ 6 \end{pmatrix}$，　$\boldsymbol{a}_2 = \begin{pmatrix} 1 \\ 2 \end{pmatrix}$ のとき

$\boldsymbol{a}_1 = 3\boldsymbol{a}_2$

(2) $\boldsymbol{a}_1 = k\boldsymbol{a}_2$ と書き表すことができない場合．

たとえば，$\boldsymbol{a}_1 = \begin{pmatrix} 1 \\ 0 \end{pmatrix}$，　$\boldsymbol{a}_2 = \begin{pmatrix} 0 \\ 1 \end{pmatrix}$

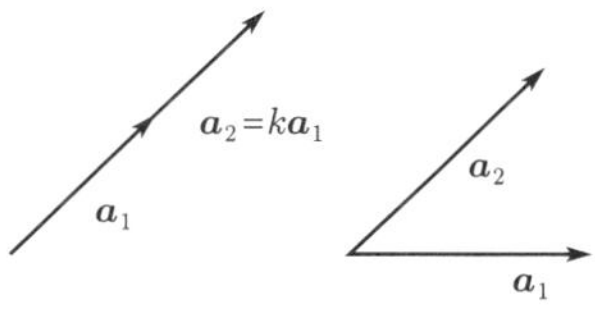

図 3.1

任意の 2 つのベクトルの間に (1) のような関係があるのは特殊な場合で，一般には (2) のようになる．

同様に 3 つのベクトル $\boldsymbol{a}_1, \boldsymbol{a}_2, \boldsymbol{a}_3$ の関係について次の 3 通りが考えられる．

(1) $\boldsymbol{a}_i = p\boldsymbol{a}_j + q\boldsymbol{a}_k$ (i, j, k は異なる数) と書ける場合．

たとえば，$\boldsymbol{a}_1 = \begin{pmatrix} 4 \\ 4 \\ 5 \end{pmatrix}, \boldsymbol{a}_2 = \begin{pmatrix} 1 \\ 2 \\ 1 \end{pmatrix}, \boldsymbol{a}_3 = \begin{pmatrix} 2 \\ 0 \\ 3 \end{pmatrix}$ のとき $\boldsymbol{a}_1 = 2\boldsymbol{a}_2 + \boldsymbol{a}_3$

(2) $\boldsymbol{a}_i = p\boldsymbol{a}_j + q\boldsymbol{a}_k$ (i, j, k は異なる数) の形に表せない場合．

たとえば，$\boldsymbol{a}_1 = \begin{pmatrix} 1 \\ 0 \\ 0 \end{pmatrix}$，$\boldsymbol{a}_2 = \begin{pmatrix} 0 \\ 1 \\ 0 \end{pmatrix}$，$\boldsymbol{a}_3 = \begin{pmatrix} 0 \\ 0 \\ 1 \end{pmatrix}$

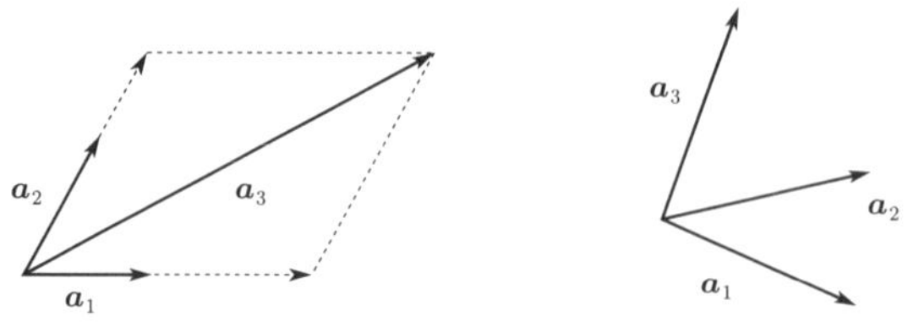

図 3.2

r 個の n 次ベクトル $\boldsymbol{a}_1, \boldsymbol{a}_2, \cdots, \boldsymbol{a}_r$ をそれぞれ $p_1, p_2, \cdots, p_r$ 倍して加えてつくったベクトル

$$p_1\boldsymbol{a}_1 + p_2\boldsymbol{a}_2 + \cdots + p_r\boldsymbol{a}_r$$

をベクトル $\boldsymbol{a}_1, \boldsymbol{a}_2, \cdots, \boldsymbol{a}_r$ の **1 次結合**という．

【例題 1】　$\boldsymbol{a}_1 = \begin{pmatrix} 1 \\ 2 \\ 1 \end{pmatrix}$，$\boldsymbol{a}_2 = \begin{pmatrix} 1 \\ 3 \\ 2 \end{pmatrix}$，$\boldsymbol{a}_3 = \begin{pmatrix} 1 \\ 0 \\ -1 \end{pmatrix}$ のとき $\boldsymbol{a}_3$ が $\boldsymbol{a}_1$,$\boldsymbol{a}_2$ の 1 次結合で表せるかどうか調べよ．

(解)　$\boldsymbol{a}_3$ が $\boldsymbol{a}_1$,$\boldsymbol{a}_2$ の 1 次結合で表せたとする．$\boldsymbol{a}_3 = p\boldsymbol{a}_1 + q\boldsymbol{a}_2$ とおく．

$$\begin{pmatrix} 1 \\ 0 \\ -1 \end{pmatrix} = p\begin{pmatrix} 1 \\ 2 \\ 1 \end{pmatrix} + q\begin{pmatrix} 1 \\ 3 \\ 2 \end{pmatrix} = \begin{pmatrix} p+q \\ 2p+3q \\ p+2q \end{pmatrix}$$

したがって，連立方程式

$$\begin{cases} p + q = 1 & (1) \\ 2p + 3q = 0 & (2) \\ p + 2q = -1 & (3) \end{cases}$$

を満たす p, q が存在するかどうか調べる．(1),(2) 式より，$p = 3$，$q = -2$．これは (2) 式を満たすから

$$\boldsymbol{a}_3 = 3\boldsymbol{a}_1 - 2\boldsymbol{a}_2$$

よって $\boldsymbol{a}_3$ は $\boldsymbol{a}_1, \boldsymbol{a}_2$ の 1 次結合で表される．□

【例題 2】　$\boldsymbol{a}_1 = \begin{pmatrix} 1 \\ 0 \\ 0 \end{pmatrix}$，$\boldsymbol{a}_2 = \begin{pmatrix} 0 \\ 2 \\ 0 \end{pmatrix}$，$\boldsymbol{a}_3 = \begin{pmatrix} 0 \\ 0 \\ 3 \end{pmatrix}$ のときこれらのうちの 1 つが他の 2 つのベクトルの 1 次結合で表せないことを示せ．

証明　$\boldsymbol{a}_1,\boldsymbol{a}_2,\boldsymbol{a}_3$ のうちの 1 つが他の 2 つのベクトルの 1 次結合で表せたとする．

$$\boldsymbol{a}_i = p\boldsymbol{a}_j + q\boldsymbol{a}_k$$

右辺のベクトルを左辺に移項して順序を入れかえたものを

$$r\begin{pmatrix} 1 \\ 0 \\ 0 \end{pmatrix} + s\begin{pmatrix} 0 \\ 2 \\ 0 \end{pmatrix} + t\begin{pmatrix} 0 \\ 0 \\ 2 \end{pmatrix} = \begin{pmatrix} 0 \\ 0 \\ 0 \end{pmatrix} \tag{4}$$

とおく．このとき r, s, t のうちの 1 つは 1 である．ところで (4) 式を書きなおすと

$$\begin{pmatrix} r \\ 2s \\ 3t \end{pmatrix} = \begin{pmatrix} 0 \\ 0 \\ 0 \end{pmatrix}$$

ゆえに $r = s = t = 0$. これは r, s, t のうちの 1 つが 1 であることに反する．□

これらを一般化してベクトルの組が 1 次独立であることを定義する．

r 個の n 次ベクトル $\boldsymbol{a}_1, \boldsymbol{a}_2, \cdots, \boldsymbol{a}_r$ について，どの $\boldsymbol{a}_i$ も $\boldsymbol{a}_i$ を除いたベクトルの 1 次結合で表せないとき $\boldsymbol{a}_1, \boldsymbol{a}_2, \cdots, \boldsymbol{a}_r$ は**1 次独立**であるという．また 1 次独立でないとき，すなわち，ある $\boldsymbol{a}_i$ が $\boldsymbol{a}_i$ を除いたベクトルの 1 次結合で

$$\boldsymbol{a}_i = p_1\boldsymbol{a}_1 + \cdots + p_{i-1}\boldsymbol{a}_{i-1} + p_{i+1}\boldsymbol{a}_{i+1} + \cdots + p_r\boldsymbol{a}_r$$

と表せるとき，$\boldsymbol{a}_1, \boldsymbol{a}_2, \cdots, \boldsymbol{a}_r$ は**1 次従属**であるという．

【例 1】 (1) $\begin{pmatrix} 1 \\ 0 \\ 0 \end{pmatrix}, \begin{pmatrix} 0 \\ 2 \\ 0 \end{pmatrix}, \begin{pmatrix} 0 \\ 0 \\ 3 \end{pmatrix}$ は 1 次独立である.

(2) $\begin{pmatrix} 1 \\ 2 \\ 1 \end{pmatrix}, \begin{pmatrix} 1 \\ 3 \\ 2 \end{pmatrix}, \begin{pmatrix} 1 \\ 0 \\ -1 \end{pmatrix}$ は 1 次従属である.

次の定理はベクトル $\boldsymbol{a}_1, \boldsymbol{a}_2, \cdots, \boldsymbol{a}_r$ が 1 次独立であるかどうか調べるのに有効である.

> **定理 1**　次の (i),(ii) は同値である.
> (i) $\boldsymbol{a}_1, \boldsymbol{a}_2, \cdots, \boldsymbol{a}_r$ は 1 次独立である.
> (ii) $p_1\boldsymbol{a}_1 + \cdots + p_2\boldsymbol{a}_2 + \cdots + p_r\boldsymbol{a}_r = \boldsymbol{0}$ が成り立つのは
> $p_1 = p_2 = \cdots = p_r = 0$ のときに限る.

証明　(i)→(ii) $\boldsymbol{a}_1, \boldsymbol{a}_2, \cdots, \boldsymbol{a}_r$ は 1 次独立であるとし $p_1\boldsymbol{a}_1 + p_2\boldsymbol{a}_2 + \cdots + p_r\boldsymbol{a}_r = \boldsymbol{0}$ とする. いま $p_1 \neq 0$ とすると

$$p_1\boldsymbol{a}_1 = -p_2\boldsymbol{a}_2 + \cdots - p_r\boldsymbol{a}_r$$

よって

$$\boldsymbol{a}_1 = -\frac{p_2}{p_1}\boldsymbol{a}_2 + \cdots - \frac{p_r}{p_1}\boldsymbol{a}_r$$

となり $\boldsymbol{a}_1, \boldsymbol{a}_2, \cdots, \boldsymbol{a}_r$ の 1 次独立性に反する. したがって $p_1 = 0$ である. 同様に $p_2 = \cdots = p_r = 0$ となる.

(ii)→(i) (ii) が成り立つとして $\boldsymbol{a}_1, \boldsymbol{a}_2, \cdots, \boldsymbol{a}_r$ は 1 次独立であることを示す. $\boldsymbol{a}_1, \boldsymbol{a}_2, \cdots, \boldsymbol{a}_r$ が 1 次従属であるとすると, $\boldsymbol{a}_i = p_1\boldsymbol{a}_1 + \cdots + p_{i-1}\boldsymbol{a}_{i-1} + p_{i+1}\boldsymbol{a}_{i+1} + \cdots + p_r\boldsymbol{a}_r$ となる $\boldsymbol{a}_i$ がある. これより

$$p_1\boldsymbol{a}_1 + \cdots + (-1)\boldsymbol{a}_i + \cdots + p_r\boldsymbol{a}_r = \boldsymbol{0}$$

これは (ii) が成り立つことに反する. ■

この定理より $\boldsymbol{a}_1, \boldsymbol{a}_2, \cdots, \boldsymbol{a}_r$ が 1 次従属であるための必要十分条件は，少なくとも 1 つ 0 でない p_i があって

$$p_1\boldsymbol{a}_1 + \cdots + p_i\boldsymbol{a}_i + \cdots + p_r\boldsymbol{a}_r = \boldsymbol{0}$$

と表されることである．

【例題 3】　次のベクトルは 1 次独立かどうか調べよ．

$$\boldsymbol{a}_1 = \begin{pmatrix} 1 \\ 0 \\ 3 \end{pmatrix},\ \boldsymbol{a}_2 = \begin{pmatrix} 1 \\ -1 \\ 1 \end{pmatrix},\ \boldsymbol{a}_3 = \begin{pmatrix} 2 \\ -3 \\ 1 \end{pmatrix}$$

(解)

$$p_1\begin{pmatrix} 1 \\ 0 \\ 3 \end{pmatrix} + p_2\begin{pmatrix} 1 \\ -1 \\ 1 \end{pmatrix} + p_3\begin{pmatrix} 2 \\ -3 \\ 1 \end{pmatrix} = \begin{pmatrix} 0 \\ 0 \\ 0 \end{pmatrix} \tag{5}$$

とおく．式を書きなおして

$$\begin{pmatrix} p_1 + p_2 + 2p_3 \\ -p_2 - 3p_3 \\ 3p_1 + p_2 + p_3 \end{pmatrix} = \begin{pmatrix} 0 \\ 0 \\ 0 \end{pmatrix}$$

連立方程式

$$\begin{cases} p_1 + p_2 + 2p_3 = 0 & (6) \\ -p_2 - 3p_3 = 0 & (7) \\ 3p_1 + p_2 + p_3 = 0 & (8) \end{cases}$$

を考えると，(7) 式より $p_2 = -3p_3$．これを (6) 式に代入すると $p_1 - p_3 = 0$．よって $p_1 = p_3$．これらを (8) 式に代入すると $p_3 = 0$．よって $p_1 = p_2 = p_3 = 0$ となり $\boldsymbol{a}_1, \boldsymbol{a}_2, \boldsymbol{a}_3$ は 1 次独立である．　□

> **定理 2**　$\boldsymbol{a}_1, \boldsymbol{a}_2$ が 1 次独立で $\boldsymbol{a}_1, \boldsymbol{a}_2, \boldsymbol{a}_3$ が 1 次従属ならば，$\boldsymbol{a}_3$ は $\boldsymbol{a}_1, \boldsymbol{a}_2$ の 1 次結合で表される．

証明 $\boldsymbol{a}_1, \boldsymbol{a}_2, \boldsymbol{a}_3$ が 1 次従属であるから，少なくとも 1 つ 0 でない p_i があって

$$p_1\boldsymbol{a}_1 + p_2\boldsymbol{a}_2 + p_3\boldsymbol{a}_3 = \boldsymbol{0}$$

と表される．このとき $p_3 = 0$ とすると，

$$p_1\boldsymbol{a}_1 + p_2\boldsymbol{a}_2 = \boldsymbol{0}$$

$\boldsymbol{a}_1, \boldsymbol{a}_2$ が 1 次独立であるから $p_1 = p_2 = 0$. これは p_1, p_2, p_3 のとり方に反する．よって $p_3 \neq 0$ ゆえに

$$\boldsymbol{a}_3 = -\frac{p_1}{p_3}\boldsymbol{a}_1 - \frac{p_2}{p_3}\boldsymbol{a}_2$$

$\boldsymbol{a}_3$ は $\boldsymbol{a}_1, \boldsymbol{a}_2$ の 1 次結合で表される． ∎

節末問題 3.1

1. $\boldsymbol{a}=\begin{pmatrix}1\\k\\-2\end{pmatrix}$ が $\boldsymbol{b}=\begin{pmatrix}3\\-2\\0\end{pmatrix}$, $\boldsymbol{c}=\begin{pmatrix}-2\\5\\1\end{pmatrix}$ の 1 次結合で表せるように k の値を定め, $\boldsymbol{b}$, $\boldsymbol{c}$ の 1 次結合で表せ.

2. 次のベクトルは 1 次独立か 1 次従属か.

(1) $\begin{pmatrix}1\\2\\3\end{pmatrix}, \begin{pmatrix}0\\2\\1\end{pmatrix}$　　(2) $\begin{pmatrix}1\\3\\-2\end{pmatrix}, \begin{pmatrix}3\\-2\\0\end{pmatrix}, \begin{pmatrix}-2\\5\\-2\end{pmatrix}$

(3) $\begin{pmatrix}1\\3\\2\end{pmatrix}, \begin{pmatrix}0\\1\\-1\end{pmatrix}, \begin{pmatrix}2\\0\\1\end{pmatrix}$

3. $\boldsymbol{a},\boldsymbol{b},\boldsymbol{c}$ が 1 次独立であるとき $\boldsymbol{a}-\boldsymbol{b}+\boldsymbol{c}$, $\boldsymbol{a}+\boldsymbol{b}-\boldsymbol{c}$, $\boldsymbol{a}+\boldsymbol{b}+\boldsymbol{c}$ は 1 次独立であることを示せ.

4. $\boldsymbol{a},\boldsymbol{b},\boldsymbol{c}$ が 1 次独立であるとき $\boldsymbol{a},\boldsymbol{b}$ も 1 次独立であることを示せ.

5. $\boldsymbol{a}=\begin{pmatrix}1\\-1\end{pmatrix}$, $\boldsymbol{b}=\begin{pmatrix}x\\1\end{pmatrix}$ が 1 次従属となるように定数 x を定めよ.

(答)　**1**. $k=-8$, $\boldsymbol{a}=-\boldsymbol{b}-2\boldsymbol{c}$

2. (1) 1 次独立　(2) 1 次独立　(3) 1 次独立

3. $p_1(\boldsymbol{a}-\boldsymbol{b}+\boldsymbol{c})+p_2(\boldsymbol{a}+\boldsymbol{b}-\boldsymbol{c})+p_3(\boldsymbol{a}+\boldsymbol{b}+\boldsymbol{c})=\boldsymbol{0}$ としたとき $p_1=p_2=p_3=0$ を示せばよい.

5. $x=-1$

3.2 1次独立性と階数

行列

$$A=\begin{pmatrix}1 & -3 & 2\\ 1 & 2 & 1\\ 3 & -4 & 5\end{pmatrix}$$

に基本変形をほどこすと

$$\begin{pmatrix}1 & -3 & 2\\ 1 & 2 & 1\\ 3 & -4 & 5\end{pmatrix}\underset{\substack{\uparrow\\ (2\text{ 行})-(1\text{ 行})\\ (3\text{ 行})-(1\text{ 行})\times 3}}{\longrightarrow}\begin{pmatrix}1 & -3 & 2\\ 0 & 5 & -1\\ 0 & 5 & -1\end{pmatrix}\underset{\substack{\uparrow\\ (3\text{ 行})-(2\text{ 行})}}{\longrightarrow}\begin{pmatrix}1 & -3 & 2\\ 0 & 5 & -1\\ 0 & 0 & 0\end{pmatrix} \quad (1)$$

よって rank A=2 である.

$$\boldsymbol{a}=(1,-3,2),\quad \boldsymbol{b}=(1,2,1),\quad \boldsymbol{c}=(3,-4,5)$$

とおくとき，行列 (1) の第3行が (0,0,0) であることは $\boldsymbol{c}$ が $\boldsymbol{a}$ と $\boldsymbol{b}$ を用いて表されることを意味している．実際 $\boldsymbol{c}=2\boldsymbol{a}+\boldsymbol{b}$ で，このことから $\boldsymbol{a},\boldsymbol{b},\boldsymbol{c}$ は1次従属である．またこのとき $\boldsymbol{a},\boldsymbol{b}$ は1次独立である．

ベクトル $\boldsymbol{a}_1,\cdots,\boldsymbol{a}_n$ において，1次独立となる r 個のベクトルを選ぶことができ，$r+1$ 個以上のベクトルを選ぶと常に1次従属となるとき，ベクトル $\boldsymbol{a}_1,\cdots,\boldsymbol{a}_n$ の中から選ぶことができる1次独立なベクトルの最大個数は r であるという．

上の例では $\boldsymbol{a},\boldsymbol{b},\boldsymbol{c}$ の中から選ぶことができる1次独立なベクトルの最大個数は2であり，これは rank A と一致している．一般に次の定理が成り立つ．

定理3 $m\times n$ 行列 A について，rank $A=r$ とすると，次が成り立つ．
(i) A の m 個の行ベクトルのなかから選ぶことができる1次独立なベクトルの最大個数は r である．(ii) A の n 個の列ベクトルのなかから選ぶことができる 1 次独立なベクトルの最大個数は r である.

証明　(i) たとえば

$$A = \begin{pmatrix} a_{11} & a_{12} & a_{13} \\ a_{21} & a_{22} & a_{23} \\ a_{31} & a_{32} & a_{33} \end{pmatrix}$$

について, rank A=2 で $\begin{vmatrix} a_{11} & a_{12} \\ a_{21} & a_{22} \end{vmatrix} \neq 0$ であるとする.

$$\boldsymbol{a}_1 = (a_{11}, a_{12}, a_{13})$$

$$\boldsymbol{a}_2 = (a_{21}, a_{22}, a_{23})$$

$$\boldsymbol{a}_3 = (a_{31}, a_{32}, a_{33})$$

とおくとき, $\boldsymbol{a}_1, \boldsymbol{a}_2$ が 1 次独立であることを示す.

$$p_1(a_{11}, a_{12}, a_{13}) + p_2(a_{21}, a_{22}, a_{23}) = (0, 0, 0)$$

とおく. 第 1 第 2 成分に注目すると

$$\begin{cases} a_{11}p_1 + a_{21}p_2 = 0 \\ a_{12}p_1 + a_{22}p_2 = 0 \end{cases}$$

定理 14 (2 章) より $\begin{vmatrix} a_{11} & a_{12} \\ a_{21} & a_{22} \end{vmatrix} \neq 0$ であるから $p_1 = p_2 = 0$. よって $\boldsymbol{a}_1, \boldsymbol{a}_2$ は 1 次独立である.

次に $\boldsymbol{a}_3$ が $\boldsymbol{a}_1, \boldsymbol{a}_2$ の 1 次結合で表されることを示す.

まず

$$\boldsymbol{a}_1' = (a_{11}, a_{12})$$

$$\boldsymbol{a}_2' = (a_{21}, a_{22})$$

$$\boldsymbol{a}_3{}' = (a_{31}, a_{32})$$

とおいて $\boldsymbol{a}_3'$ が $\boldsymbol{a}_1', \boldsymbol{a}_2'$ の1次結合で表されることを示す.

$$x_1(a_{11}, a_{12}) + x_2(a_{21}, a_{22}) = (a_{31}, a_{32})$$

とおくと

$$\begin{cases} a_{11}x_1 + a_{21}x_2 = a_{31} \\ a_{12}x_1 + a_{22}x_2 = a_{32} \end{cases} \tag{2}$$

$\begin{vmatrix} a_{11} & a_{12} \\ a_{21} & a_{22} \end{vmatrix} \neq 0$ であるからクラーメルの公式より, 連立方程式 (2) はただ1組の解 $x_1 = c_1, x_2 = c_2$ をもつ.

一方　rank $A = 2$ より

$$0 = \begin{vmatrix} a_{11} & a_{12} & a_{13} \\ a_{21} & a_{22} & a_{23} \\ a_{31} & a_{32} & a_{33} \end{vmatrix} \underset{\uparrow}{=} \begin{vmatrix} a_{11} & a_{12} & a_{13} \\ a_{21} & a_{22} & a_{23} \\ 0 & 0 & a_{33} - c_1 a_{13} - c_2 a_{23} \end{vmatrix}$$

(3 行)−(1 行)×c_1−(2 行)×c_2

$$= \begin{vmatrix} a_{11} & a_{12} \\ a_{21} & a_{22} \end{vmatrix} (a_{33} - c_1 a_{13} - c_2 a_{23})$$

よって $a_{33} - c_1 a_{13} - c_2 a_{23} = 0$ より $a_{33} = c_1 a_{13} + c_2 a_{23}$.

つまり $\boldsymbol{a}_3 = c_1 \boldsymbol{a}_1 + c_2 \boldsymbol{a}_2$ となり $\boldsymbol{a}_1, \boldsymbol{a}_2, \boldsymbol{a}_3$ は1次従属となる. これより $\boldsymbol{a}_1, \boldsymbol{a}_2, \boldsymbol{a}_3$ の中から選ぶことができる1次独立なベクトルの最大個数は2である. ∎

系　$m \times n$ 行列 A について rank $A = r$ とすると, A の m 個の行ベクトル $\boldsymbol{a}_1, \cdots, \boldsymbol{a}_m$ の中から r 個のベクトル $\boldsymbol{a}_{i_1}, \cdots, \boldsymbol{a}_{i_r}$ で1次独立なものを選ぶことができる. さらにこのとき, 残りのベクトルは $\boldsymbol{a}_{i_1}, \cdots, \boldsymbol{a}_{i_r}$ の1次結合で表される.

また列ベクトルについても同様なことがいえる.

証明　前半は，定理 3 より明らか．後半は，$\boldsymbol{a}_k$ を残りのベクトルとすると $r+1$ 個のベクトル $\boldsymbol{a}_{i_1},\cdots,\boldsymbol{a}_{i_r},\boldsymbol{a}_k$ は 1 次従属であるから，定理 2 より $\boldsymbol{a}_k$ は $\boldsymbol{a}_{i_1},\cdots,\boldsymbol{a}_{i_r}$ の 1 次結合で表される．∎

【例題 4】　$$A=\begin{pmatrix}\boldsymbol{a}_1\\ \boldsymbol{a}_2\\ \boldsymbol{a}_3\end{pmatrix}=(\boldsymbol{b}_1,\boldsymbol{b}_2,\boldsymbol{b}_3,\boldsymbol{b}_4)=\begin{pmatrix}1&3&-1&2\\-1&-3&2&0\\2&6&-2&4\end{pmatrix}$$

(1) $\boldsymbol{a}_1,\boldsymbol{a}_2,\boldsymbol{a}_3$ より 1 次独立なベクトルを選び，他をそれらの 1 次結合で表せ．

(2) $\boldsymbol{b}_1,\boldsymbol{b}_2,\boldsymbol{b}_3,\boldsymbol{b}_4$ より 1 次独立なベクトルを選び，他をそれらの 1 次結合で表せ．

(解)　行列 A に基本変形をほどこすと

$$\begin{pmatrix}1&3&-1&2\\-1&-3&2&0\\2&6&-2&4\end{pmatrix}\underset{\substack{(2\text{ 行})+(1\text{ 行})\\(3\text{ 行})-(1\text{ 行})\times 2}}{\xrightarrow{\uparrow}}\begin{pmatrix}1&3&-1&2\\0&0&1&2\\0&0&0&0\end{pmatrix}\underset{(2\text{ 列})\leftrightarrow(3\text{ 列})}{\xrightarrow{\uparrow}}\begin{pmatrix}1&-1&3&2\\0&1&0&2\\0&0&0&0\end{pmatrix}$$

よって rank A=2 である．

(1) 上の変形より $\begin{pmatrix}\boldsymbol{a}_1\\ \boldsymbol{a}_2\end{pmatrix}\longrightarrow\begin{pmatrix}1&-1&3&2\\0&1&0&2\end{pmatrix}$

ゆえに rank $\begin{pmatrix}\boldsymbol{a}_1\\ \boldsymbol{a}_2\end{pmatrix}=2$．定理 3 より $\boldsymbol{a}_1,\boldsymbol{a}_2$ は 1 次独立．さらに A に系を適用すると，$\boldsymbol{a}_3$ は $\boldsymbol{a}_1,\boldsymbol{a}_2$ の 1 次結合で表される．実際 $\boldsymbol{a}_3=2\boldsymbol{a}_1+0\boldsymbol{a}_2$

(2) 上の変形より $(\boldsymbol{b}_1\boldsymbol{b}_3)\longrightarrow\begin{pmatrix}1&-1\\0&1\\0&0\end{pmatrix}$

ゆえに rank $(\boldsymbol{b}_1\boldsymbol{b}_3)=2$．したがって定理 3 より $\boldsymbol{b}_1,\boldsymbol{b}_3$ は 1 次独立．さらに A に系を適用すると，$\boldsymbol{b}_2,\boldsymbol{b}_4$ は $\boldsymbol{b}_1,\boldsymbol{b}_3$ の 1 次結合で表される．

明らかに $\boldsymbol{b}_2=3\boldsymbol{b}_1+0\boldsymbol{b}_3$ である．

次に $x\boldsymbol{b}_1+y\boldsymbol{b}_3=\boldsymbol{b}_4$ とおく．

$$x\begin{pmatrix}1\\-1\\2\end{pmatrix}+y\begin{pmatrix}-1\\2\\-2\end{pmatrix}=\begin{pmatrix}2\\0\\4\end{pmatrix}$$

ゆえに $x-y=2,\ -x+2y=0,\ 2x-2y=4$, これを解いて $x=4,\ y=2$. したがって $\boldsymbol{b}_4=4\boldsymbol{b}_1+2\boldsymbol{b}_3$. □

> **定理 4** n 次正方行列 A について，次の (i),(ii),(iii) は同値である．
>
> (i) $\mathrm{rank}\ A=n$
>
> (ii) $|A|\neq 0$
>
> (iii) A の n 個の行 (列) ベクトルは 1 次独立である．

証明 (i)↔(ii) は行列の階数の定義より明らかに成立する．(i)↔(iii) は定理 3 より明らか. ■

【例題 5】 次のベクトルは 1 次独立かどうか調べよ．

$$\boldsymbol{a}_1=\begin{pmatrix}1\\3\\2\end{pmatrix},\quad \boldsymbol{a}_2=\begin{pmatrix}0\\1\\-1\end{pmatrix},\quad \boldsymbol{a}_3=\begin{pmatrix}2\\0\\1\end{pmatrix}$$

(解) $\begin{vmatrix}1&0&2\\3&1&0\\2&-1&1\end{vmatrix}=-9\neq 0$ よって $\boldsymbol{a}_1,\boldsymbol{a}_2,\boldsymbol{a}_3$ は 1 次独立である． □

節末問題 3.2

1. 次のベクトルより 1 次独立なベクトルを選び，他をそれらの 1 次結合で表せ.

$$\boldsymbol{a}=\begin{pmatrix}1\\2\\-1\end{pmatrix},\quad \boldsymbol{b}=\begin{pmatrix}0\\8\\-4\end{pmatrix},\quad \boldsymbol{c}=\begin{pmatrix}3\\-2\\1\end{pmatrix},\quad \boldsymbol{d}=\begin{pmatrix}5\\-6\\3\end{pmatrix}$$

2. $\boldsymbol{a}=\begin{pmatrix}x\\4\end{pmatrix}$, $\boldsymbol{b}=\begin{pmatrix}1\\2x\end{pmatrix}$ が 1 次従属となるように定数 x を定めよ.

3. 次のベクトルは 1 次独立かどうか調べよ.

(1) $\begin{pmatrix}0\\1\\1\end{pmatrix},\begin{pmatrix}1\\0\\1\end{pmatrix},\begin{pmatrix}1\\1\\0\end{pmatrix}$,　(2) $\begin{pmatrix}-1\\1\\-1\\1\end{pmatrix},\begin{pmatrix}2\\0\\0\\2\end{pmatrix},\begin{pmatrix}1\\2\\-3\\-1\end{pmatrix},\begin{pmatrix}-3\\-4\\7\\7\end{pmatrix}$

4. $\boldsymbol{a}=\begin{pmatrix}1\\x\\x\end{pmatrix}$, $\boldsymbol{b}=\begin{pmatrix}x\\1\\x\end{pmatrix}$, $\boldsymbol{c}=\begin{pmatrix}x\\x\\1\end{pmatrix}$ が 1 次独立となるための x の条件を求めよ.

(答)　**1**. たとえば 1 次独立なベクトルは $\boldsymbol{a},\boldsymbol{c}$ であり，$\boldsymbol{b}=3\boldsymbol{a}-\boldsymbol{c}$, $\boldsymbol{d}=-\boldsymbol{a}+2\boldsymbol{c}$
2. $x=\pm\sqrt{2}$　**3**. (1) 1 次独立　(2) 1 次従属　**4**. $x\neq -\dfrac{1}{2},\ 1$

3.3　ベクトルの内積

ベクトルの内積

$\boldsymbol{a}, \boldsymbol{b}$ を空間 (あるいは平面) のベクトルとし, $|\boldsymbol{a}|, |\boldsymbol{b}|$ を $\boldsymbol{a}, \boldsymbol{b}$ の長さ, θ をそのなす角とする.

$$|\boldsymbol{a}||\boldsymbol{b}|\cos\theta$$

を $\boldsymbol{a}, \boldsymbol{b}$ の**内積**といい $\boldsymbol{a} \cdot \boldsymbol{b}$ で表す.

平面の 2 つのベクトル $\boldsymbol{a} = \begin{pmatrix} a_1 \\ a_2 \end{pmatrix}$, $\boldsymbol{b} = \begin{pmatrix} b_1 \\ b_2 \end{pmatrix}$ の内積は次の式で表される.

$$\boldsymbol{a} \cdot \boldsymbol{b} = a_1 b_1 + a_2 b_2$$

空間の 2 つのベクトル $\boldsymbol{a} = \begin{pmatrix} a_1 \\ a_2 \\ a_3 \end{pmatrix}$, $\boldsymbol{b} = \begin{pmatrix} b_1 \\ b_2 \\ b_3 \end{pmatrix}$ の内積は次の式で表される.

$$\boldsymbol{a} \cdot \boldsymbol{b} = a_1 b_1 + a_2 b_2 + a_3 b_3$$

$n(\geqq 4)$ 次ベクトルの内積についても同様に定義する.
内積について次の性質が成り立つ.

(1)　$\boldsymbol{a} \cdot \boldsymbol{b} = \boldsymbol{b} \cdot \boldsymbol{a}$

(2)　$\boldsymbol{a} \cdot (\boldsymbol{b} + \boldsymbol{c}) = \boldsymbol{a} \cdot \boldsymbol{b} + \boldsymbol{a} \cdot \boldsymbol{c}$

(3)　$(k\boldsymbol{a}) \cdot \boldsymbol{b} = k(\boldsymbol{a} \cdot \boldsymbol{b})$

(4)　$\boldsymbol{a} \cdot \boldsymbol{a} \geq 0$ (等号が成り立つのは, $\boldsymbol{a} = 0$ のとき)

(5)　$|\boldsymbol{a}|^2 = \boldsymbol{a} \cdot \boldsymbol{a}$,　$\cos\theta = \dfrac{\boldsymbol{a} \cdot \boldsymbol{b}}{|\boldsymbol{a}||\boldsymbol{b}|}$

(6)　$\boldsymbol{a}, \boldsymbol{b}$ が直交するための条件は $\boldsymbol{a} \cdot \boldsymbol{b} = 0$ である.

(注) $\boldsymbol{a}, \boldsymbol{b}$ が $n(\geqq 4)$ 次ベクトルのときは $|\boldsymbol{a}| = \sqrt{\boldsymbol{a} \cdot \boldsymbol{a}}$ と定義し $\boldsymbol{a}, \boldsymbol{b}$ のなす角を $\cos\theta = \dfrac{\boldsymbol{a} \cdot \boldsymbol{b}}{|\boldsymbol{a}||\boldsymbol{b}|}$ を満たす $\theta (0 \leqq \theta \leqq \pi)$ と定義すると (5),(6) が成り立つ.

シュミットの直交化法

互いに垂直な単位 (長さ 1) ベクトル $\boldsymbol{n}_1, \cdots, \boldsymbol{n}_r$ を**正規直交系**という. たとえば $\begin{pmatrix} 1 \\ 0 \\ 0 \end{pmatrix}, \begin{pmatrix} 0 \\ 1 \\ 0 \end{pmatrix}, \begin{pmatrix} 0 \\ 0 \\ 1 \end{pmatrix}$ は正規直交系である.

$\boldsymbol{a}, \boldsymbol{b}$ を 1 次独立な (同一直線上にない) 空間 (あるいは平面) 内のベクトルとするとき, これらから正規直交系をつくることを考える.

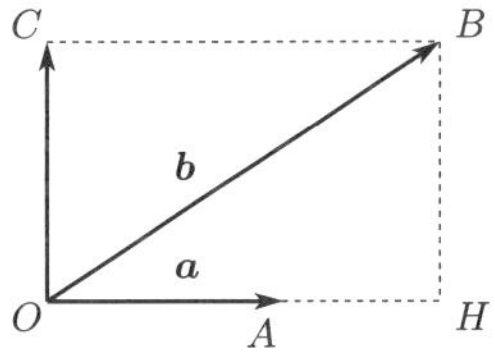

図 3.3

異なる 3 点 O, A, B に対し $\overrightarrow{OA} = \boldsymbol{a}, \overrightarrow{OB} = \boldsymbol{b}$ とする.

まず $\boldsymbol{n}_1 = \dfrac{1}{|\boldsymbol{a}|}\boldsymbol{a}$ とおくと, $|\boldsymbol{n}_1| = \dfrac{1}{|\boldsymbol{a}|}|\boldsymbol{a}| = 1$.
点 B から直線 OA に下した垂線の足を H としベクトル $\overrightarrow{OH}$ を $\boldsymbol{b}$ の $\boldsymbol{n}_1$ への**正射影**という.
$\overrightarrow{OH}$ を $\boldsymbol{n}_1, \boldsymbol{b}$ を用いて表すことを考える.
$\overrightarrow{OH} = k\boldsymbol{n}_1$, $k\boldsymbol{n}_1 + \overrightarrow{HB} = \boldsymbol{b}$, $\overrightarrow{HB} \perp \overrightarrow{OA}$ より
$(\boldsymbol{b} - k\boldsymbol{n}_1) \cdot \boldsymbol{n}_1 = 0$.
よって, $\boldsymbol{b} \cdot \boldsymbol{n}_1 - k\boldsymbol{n}_1 \cdot \boldsymbol{n}_1 = 0$. $\boldsymbol{b} \cdot \boldsymbol{n}_1 - k|\boldsymbol{n}_1|^2 = 0$. これより $k = \boldsymbol{b} \cdot \boldsymbol{n}_1$.
したがって $\overrightarrow{OH} = (\boldsymbol{b} \cdot \boldsymbol{n}_1)\boldsymbol{n}_1$ が $\boldsymbol{b}$ の $\boldsymbol{n}_1$ への正射影である.

$\boldsymbol{b}_2 = \overrightarrow{HB} = \boldsymbol{b} - (\boldsymbol{b} \cdot \boldsymbol{n}_1)\boldsymbol{n}_1$ とし $\boldsymbol{n}_2 = \dfrac{1}{|\boldsymbol{b}_2|}\boldsymbol{b}_2$ とおくと,$|\boldsymbol{n}_2| = 1$ で $\boldsymbol{n}_1, \boldsymbol{n}_2$ は正規直交系である. またこのとき $\boldsymbol{n}_1, \boldsymbol{n}_2$ は $\boldsymbol{a}, \boldsymbol{b}$ の張る平面上にある.

【例題 6】 $\boldsymbol{a} = \begin{pmatrix} 2 \\ 1 \\ 2 \end{pmatrix}$, $\boldsymbol{b} = \begin{pmatrix} 1 \\ 1 \\ 0 \end{pmatrix}$ から正規直交系をつくれ.

(解)

$$\boldsymbol{n}_1 = \frac{1}{|\boldsymbol{a}|}\,\boldsymbol{a} = \frac{1}{\sqrt{\boldsymbol{a}\cdot\boldsymbol{a}}}\,\boldsymbol{a} = \frac{1}{\sqrt{4+1+4}}\begin{pmatrix} 2 \\ 1 \\ 2 \end{pmatrix} = \begin{pmatrix} \frac{2}{3} \\ \frac{1}{3} \\ \frac{2}{3} \end{pmatrix}$$

$$\boldsymbol{b}_2 = \boldsymbol{b} - (\boldsymbol{b}\cdot\boldsymbol{n}_1)\boldsymbol{n}_1 = \begin{pmatrix} 1 \\ 1 \\ 0 \end{pmatrix} - \left(\frac{2}{3}+\frac{1}{3}\right)\begin{pmatrix} \frac{2}{3} \\ \frac{1}{3} \\ \frac{2}{3} \end{pmatrix} = \begin{pmatrix} \frac{1}{3} \\ \frac{2}{3} \\ -\frac{2}{3} \end{pmatrix}$$

したがって

$$\boldsymbol{n}_2 = \frac{1}{|\boldsymbol{b}_2|}\boldsymbol{b}_2 = \frac{1}{\sqrt{\left(\frac{1}{3}\right)^2+\left(\frac{2}{3}\right)^2+\left(-\frac{2}{3}\right)^2}}\begin{pmatrix} \frac{1}{3} \\ \frac{2}{3} \\ -\frac{2}{3} \end{pmatrix} = \begin{pmatrix} \frac{1}{3} \\ \frac{2}{3} \\ -\frac{2}{3} \end{pmatrix}$$

このとき，$\boldsymbol{n}_1, \boldsymbol{n}_2$ が求めるベクトルである． □

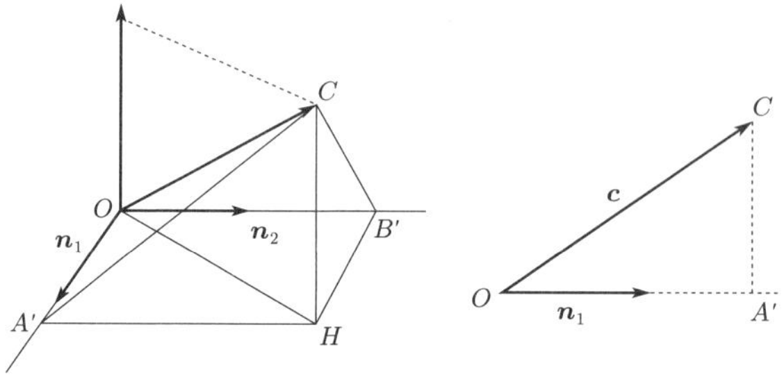

図 3.4

$\boldsymbol{a}$, $\boldsymbol{b}$, $\boldsymbol{c}$ を空間内の 1 次独立な (同一平面上にない) ベクトルとする．

$$\boldsymbol{n}_1 = \frac{1}{|\boldsymbol{a}|}\boldsymbol{a}, \quad \boldsymbol{b}_2 = \boldsymbol{b} - (\boldsymbol{b}\cdot\boldsymbol{n}_1)\boldsymbol{n}_1, \quad \boldsymbol{n}_2 = \frac{1}{|\boldsymbol{b}_2|}\boldsymbol{b}_2$$

とおくと，$\boldsymbol{n}_1, \boldsymbol{n}_2$ は互いに垂直な単位ベクトルである．

異なる 4 点 O, A, B, C に対し

$$\overrightarrow{OA} = \boldsymbol{n}_1,\ \overrightarrow{OB} = \boldsymbol{n}_2,\ \overrightarrow{OC} = \boldsymbol{c}$$

とする．

$\boldsymbol{n}_1, \boldsymbol{n}_2$ で張られる平面へ点 C から下した垂線の足を H とする．直線 OA 上に点 A' を $\angle OA'H = 90°$ となるようにとると，$\overrightarrow{OA'} \cdot \overrightarrow{A'H} = 0$. ゆえに $\overrightarrow{OA'} \cdot \overrightarrow{A'C} = \overrightarrow{OA} \cdot (\overrightarrow{A'H} + \overrightarrow{HC}) = \overrightarrow{OA'} \cdot \overrightarrow{A'H} + \overrightarrow{OA'} \cdot \overrightarrow{HC} = 0$. これより $\angle OA'C = 90°$. よって $\overrightarrow{OA'}$ は $\boldsymbol{c}$ の $\boldsymbol{n}_1$ への正射影となるから

$$\overrightarrow{OA'} = (\boldsymbol{c} \cdot \boldsymbol{n}_1)\boldsymbol{n}_1$$

同様に直線 OB 上に点 B' を $\angle OB'H = 90°$ となるようにとると，

$$\overrightarrow{OB'} = (\boldsymbol{c} \cdot \boldsymbol{n}_2)\boldsymbol{n}_2$$

よって $\overrightarrow{OH} = \overrightarrow{OA'} + \overrightarrow{OB'} - (\boldsymbol{c} \cdot \boldsymbol{n}_1)\boldsymbol{n}_1 + (\boldsymbol{c} \cdot \boldsymbol{n}_2)\boldsymbol{n}_2$.

$\boldsymbol{b}_3 = \overrightarrow{HC} = \boldsymbol{c} - \overrightarrow{OH} = \boldsymbol{c} - (\boldsymbol{c} \cdot \boldsymbol{n}_1)\boldsymbol{n}_1 - (\boldsymbol{c} \cdot \boldsymbol{n}_2)\boldsymbol{n}_2$ とし $\boldsymbol{n}_3 = \dfrac{1}{|\boldsymbol{b}_3|}\boldsymbol{b}_3$ とおくと，$|\boldsymbol{n}_3| = 1$ で $\boldsymbol{n}_1, \boldsymbol{n}_2, \boldsymbol{n}_3$ は正規直交系である．このようなやり方で正規直交系をつくる方法を**シュミットの直交化法**という．

定理 5　1 次独立な n 次ベクトル $\boldsymbol{a}_1, \boldsymbol{a}_2, \cdots, \boldsymbol{a}_r$ から，次の手順で正規直交系 $\boldsymbol{n}_1, \boldsymbol{n}_2, \cdots, \boldsymbol{n}_r$ をつくれる．

$$\boldsymbol{b}_1 = \boldsymbol{a}_1 \qquad \boldsymbol{n}_1 = \frac{\boldsymbol{b}_1}{|\boldsymbol{b}_1|}$$

$$\boldsymbol{b}_2 = \boldsymbol{a}_2 - (\boldsymbol{a}_2 \cdot \boldsymbol{n}_1)\boldsymbol{n}_1 \qquad \boldsymbol{n}_2 = \frac{\boldsymbol{b}_2}{|\boldsymbol{b}_2|}$$

$$\boldsymbol{b}_3 = \boldsymbol{a}_3 - (\boldsymbol{a}_3 \cdot \boldsymbol{n}_1)\boldsymbol{n}_1 - (\boldsymbol{a}_3 \cdot \boldsymbol{n}_2)\boldsymbol{n}_2 \qquad \boldsymbol{n}_3 = \frac{\boldsymbol{b}_3}{|\boldsymbol{b}_3|}$$

$$\cdots\cdots\cdots \qquad \cdots$$

$$\boldsymbol{b}_r = \boldsymbol{a}_r - (\boldsymbol{a}_r \cdot \boldsymbol{n}_1)\boldsymbol{n}_1 - \cdots - (\boldsymbol{a}_r \cdot \boldsymbol{n}_{r-1})\boldsymbol{n}_{r-1} \qquad \boldsymbol{n}_r = \frac{\boldsymbol{b}_r}{|\boldsymbol{b}_r|}$$

【例題 7】　シュミットの直交化法を用いて次のベクトルから正規直交系をつくれ．

$$\boldsymbol{a}_1 = \begin{pmatrix} 2 \\ 1 \\ 2 \end{pmatrix}, \quad \boldsymbol{a}_2 = \begin{pmatrix} 1 \\ 1 \\ 0 \end{pmatrix}, \quad \boldsymbol{a}_3 = \begin{pmatrix} 1 \\ 5 \\ 1 \end{pmatrix}$$

(解) 例題 6 より

$$\boldsymbol{n}_1 = \begin{pmatrix} \frac{2}{3} \\ \frac{1}{3} \\ \frac{2}{3} \end{pmatrix}, \quad \boldsymbol{n}_2 = \begin{pmatrix} \frac{1}{3} \\ \frac{2}{3} \\ -\frac{2}{3} \end{pmatrix}$$

次に

$$\boldsymbol{b}_3 = \boldsymbol{a}_3 - (\boldsymbol{a}_3 \cdot \boldsymbol{n}_1)\boldsymbol{n}_1 - (\boldsymbol{a}_3 \cdot \boldsymbol{n}_2)\boldsymbol{n}_2 = \begin{pmatrix} 1 \\ 5 \\ 1 \end{pmatrix} - 3\begin{pmatrix} \frac{2}{3} \\ \frac{1}{3} \\ \frac{2}{3} \end{pmatrix} - 3\begin{pmatrix} \frac{1}{3} \\ \frac{2}{3} \\ -\frac{2}{3} \end{pmatrix}$$

$$= \begin{pmatrix} -2 \\ 2 \\ 1 \end{pmatrix}$$

$$\boldsymbol{n}_3 = \frac{\boldsymbol{b}_3}{|\boldsymbol{b}_3|} = \frac{1}{3}\begin{pmatrix} -2 \\ 2 \\ 1 \end{pmatrix} = \begin{pmatrix} -\frac{2}{3} \\ \frac{2}{3} \\ \frac{1}{3} \end{pmatrix}$$

$\boldsymbol{n}_1, \boldsymbol{n}_2, \boldsymbol{n}_3$ が求めるベクトルである. □

節末問題 3.3

1. $\boldsymbol{a}=\begin{pmatrix}-1\\1\\2\end{pmatrix}$, $\boldsymbol{b}=\begin{pmatrix}1\\0\\-1\end{pmatrix}$ のなす角 θ を求めよ.

2. 次の条件を満たすベクトルを求めよ.

(1) 平面において $\boldsymbol{a}=\begin{pmatrix}1\\2\end{pmatrix}$ に直交する単位 (長さ 1) ベクトル.

(2) 空間において $\boldsymbol{a}=\begin{pmatrix}1\\0\\2\end{pmatrix}$ と $\boldsymbol{b}=\begin{pmatrix}2\\1\\2\end{pmatrix}$ に直交する単位ベクトル.

3. シュミットの直交化法を用いて次のベクトルから正規直交系をつくれ.

(1) $\boldsymbol{a}_1=\begin{pmatrix}1\\1\end{pmatrix}$, $\boldsymbol{a}_2=\begin{pmatrix}2\\1\end{pmatrix}$

(2) $\boldsymbol{a}_1=\begin{pmatrix}1\\0\\1\end{pmatrix}$, $\boldsymbol{a}_2=\begin{pmatrix}0\\1\\1\end{pmatrix}$, $\boldsymbol{a}_3=\begin{pmatrix}1\\1\\1\end{pmatrix}$

(答) **1**. $\theta=150°$ **2**. (1) $\pm\dfrac{1}{\sqrt{5}}\begin{pmatrix}2\\-1\end{pmatrix}$ (2) $\pm\dfrac{1}{3}\begin{pmatrix}-2\\2\\1\end{pmatrix}$ **3**. (1) $\dfrac{1}{\sqrt{2}}\begin{pmatrix}1\\1\end{pmatrix}$, $\dfrac{1}{\sqrt{2}}\begin{pmatrix}1\\-1\end{pmatrix}$ (2) $\dfrac{1}{\sqrt{2}}\begin{pmatrix}1\\0\\1\end{pmatrix}$, $\dfrac{1}{\sqrt{6}}\begin{pmatrix}-1\\2\\1\end{pmatrix}$, $\dfrac{1}{\sqrt{3}}\begin{pmatrix}1\\1\\-1\end{pmatrix}$

3.4 ベクトル空間

ベクトル空間

$\boldsymbol{R}$ を実数全体の集合とし、平面上のベクトル全体の集まりを $\boldsymbol{V}$ とする．このとき $\boldsymbol{V}$ の任意の元を $\boldsymbol{a}, \boldsymbol{b}, \boldsymbol{c}$, $\boldsymbol{R}$ の任意の元を k, l とすると次が成り立つ．

(1) $\boldsymbol{a}+\boldsymbol{b}, k\boldsymbol{a}$ が定義され $\boldsymbol{V}$ の元である．

(2) $(\boldsymbol{a}+\boldsymbol{b})+\boldsymbol{c}=\boldsymbol{a}+(\boldsymbol{b}+\boldsymbol{c}), \boldsymbol{a}+\boldsymbol{b}=\boldsymbol{b}+\boldsymbol{a}$

(3) $\boldsymbol{a}+\boldsymbol{0}=\boldsymbol{a}$ となる，$\boldsymbol{V}$ の元 $\boldsymbol{0}$ がある．

(4) $\boldsymbol{a}+\boldsymbol{x}=\boldsymbol{0}$ となる，$\boldsymbol{V}$ の元 $\boldsymbol{x}$ がある．

(5) $k(\boldsymbol{a}+\boldsymbol{b})=k\boldsymbol{a}+k\boldsymbol{b}, (k+l)\boldsymbol{a}=k\boldsymbol{a}+l\boldsymbol{a}, (kl)\boldsymbol{a}=k(l\boldsymbol{a})$

(6) $1\boldsymbol{a}=\boldsymbol{a}$

これらの性質をもつ集合は平面上のベクトル全体の集合以外にもいろいろある．一般に与えられた集合が上の (1)~(6) を満たすとき，$\boldsymbol{V}$ を **$\boldsymbol{R}$ 上のベクトル空間**または単に**ベクトル空間**という．

【例 2】 $\boldsymbol{V}=\left\{\begin{pmatrix} x_1 \\ x_2 \\ \vdots \\ x_n \end{pmatrix} \middle| \; x_1, x_2, \cdots, x_n \in \boldsymbol{R} \right\}$ とする．

$\boldsymbol{V}$ の任意の元 $\begin{pmatrix} x_1 \\ x_2 \\ \vdots \\ x_n \end{pmatrix}, \begin{pmatrix} y_1 \\ y_2 \\ \vdots \\ y_n \end{pmatrix}$ と任意の実数 k について

$$\begin{pmatrix} x_1 \\ x_2 \\ \vdots \\ x_n \end{pmatrix}+\begin{pmatrix} y_1 \\ y_2 \\ \vdots \\ y_n \end{pmatrix}=\begin{pmatrix} x_1+y_1 \\ x_2+y_2 \\ \vdots \\ x_n+y_n \end{pmatrix}, k\begin{pmatrix} x_1 \\ x_2 \\ \vdots \\ x_n \end{pmatrix}=\begin{pmatrix} kx_1 \\ kx_2 \\ \vdots \\ kx_n \end{pmatrix}$$

と定義すると $\boldsymbol{V}$ は上の条件を満たしていることがわかる．したがって $\boldsymbol{V}$ はベ

クトル空間である．この $\boldsymbol{V}$ を $\boldsymbol{R}^n$ と書き n 次実ベクトル空間という．

【例 3】 x の 2 次以下の実数係数多項式全体の集合

$$\boldsymbol{V} = \{ax^2 + bx + c | a, b, c \in \boldsymbol{R}\}$$

は通常の和と実数倍についてベクトル空間をなす．

部分空間

3 次実ベクトル空間 $\boldsymbol{R}^3 = \left\{ \begin{pmatrix} a \\ b \\ c \end{pmatrix} \middle| \, a, b, c \in \boldsymbol{R} \right\}$ の部分集合 $\boldsymbol{W} =$ $\left\{ \begin{pmatrix} a \\ b \\ 0 \end{pmatrix} \middle| \, a, b \in \boldsymbol{R} \right\}$ を考える．

$\boldsymbol{W}$ の任意の元 $\boldsymbol{a} = \begin{pmatrix} a \\ b \\ 0 \end{pmatrix}, \boldsymbol{a} = \begin{pmatrix} a' \\ b' \\ 0 \end{pmatrix}$ と任意の実数 k について

$$\boldsymbol{a} + \boldsymbol{b} = \begin{pmatrix} a \\ b \\ 0 \end{pmatrix} + \begin{pmatrix} a' \\ b' \\ 0 \end{pmatrix} \in \boldsymbol{W} \quad さらに\ k\boldsymbol{a} = k \begin{pmatrix} a \\ b \\ 0 \end{pmatrix} = \begin{pmatrix} ka \\ kb \\ 0 \end{pmatrix} \in \boldsymbol{W}$$

このようにベクトル空間 $\boldsymbol{V}$ の空でない部分集合 $\boldsymbol{W}$ が次の条件を満たすとき $\boldsymbol{W}$ を $\boldsymbol{V}$ の**部分空間**という．

(1) $\boldsymbol{a}, \boldsymbol{b} \in \boldsymbol{W} \Longrightarrow \boldsymbol{a} + \boldsymbol{b} \in \boldsymbol{W}$

(2) $k \in \boldsymbol{R}, \boldsymbol{a} \in \boldsymbol{W} \Longrightarrow k\boldsymbol{a} \in \boldsymbol{W}$

$\boldsymbol{W}$ をベクトル空間 $\boldsymbol{V}$ の部分空間とすると，$\boldsymbol{W}$ はベクトル空間の定義 (1)～(6) を満たしそれ自身ベクトル空間となる．

【例題 8】 $\boldsymbol{R}^3$ において次の部分集合は部分空間をなすか.

(1) $\boldsymbol{W}_1 = \left\{ \begin{pmatrix} x \\ y \\ z \end{pmatrix} \middle| \; 2x + 3y - z = 0 \right\}$

(2) $\boldsymbol{W}_2 = \left\{ \begin{pmatrix} x \\ y \\ z \end{pmatrix} \middle| \; x + y + z = 1 \right\}$

(解) (1) (i) $\boldsymbol{a} = \begin{pmatrix} x \\ y \\ z \end{pmatrix}, \ \boldsymbol{b} = \begin{pmatrix} x' \\ y' \\ z' \end{pmatrix} \in \boldsymbol{W}_1$ とすると,

$$2x + 3y - z = 0, \qquad 2x' + 3y' - z' = 0$$

このとき $\boldsymbol{a} + \boldsymbol{b} = \begin{pmatrix} x + x' \\ y + y' \\ z + z' \end{pmatrix}$ であり

$$2(x+x') + 3(y+y') - (z+z') = (2x+3y-z) + (2x'+3y'-z') = 0+0 = 0$$

したがって $\boldsymbol{a} + \boldsymbol{b} \in \boldsymbol{W}_1$

(ii) $\boldsymbol{a} = \begin{pmatrix} x \\ y \\ z \end{pmatrix} \in \boldsymbol{W}_1$ とすると $\quad 2x + 3y - z = 0$

$k \in \boldsymbol{R}$ とすると $k\boldsymbol{a} = \begin{pmatrix} kx \\ ky \\ kz \end{pmatrix}$ であり

$$2(kx) + 3(ky) - (kz) = k(2x + 3y - z) = k0 = 0$$

したがって $k\boldsymbol{a} \in \boldsymbol{W}_1$

よって (i) (ii) が成り立つので $\boldsymbol{W}_1$ は $\boldsymbol{R}^3$ の部分空間である.

(2) $\boldsymbol{a} = \begin{pmatrix} 1 \\ 0 \\ 0 \end{pmatrix}, \boldsymbol{b} = \begin{pmatrix} 0 \\ 1 \\ 0 \end{pmatrix}$ とすると，明らかに $\boldsymbol{a}, \boldsymbol{b} \in \boldsymbol{W}_2$ であるが，

$\boldsymbol{a} + \boldsymbol{b} = \begin{pmatrix} 1 \\ 1 \\ 0 \end{pmatrix}$ このとき $1 + 1 = 2 \neq 1$ より $\boldsymbol{a} + \boldsymbol{b} \notin \boldsymbol{W}_2$

よって (i) が成り立たないので $\boldsymbol{W}_2$ は $\boldsymbol{R}^3$ の部分空間ではない． □

基底と成分表示

$\boldsymbol{R}^2$ から 1 次独立なベクトルとして，$\boldsymbol{e}_1 = \begin{pmatrix} 1 \\ 0 \end{pmatrix}$，$\boldsymbol{e}_2 = \begin{pmatrix} 0 \\ 1 \end{pmatrix}$ を選べば，任意のベクトル $\boldsymbol{a} = \begin{pmatrix} a \\ b \end{pmatrix}$ は 2 つのベクトル $\boldsymbol{e}_1, \boldsymbol{e}_2$ の 1 次結合として $\boldsymbol{a} = a\boldsymbol{e}_1 + b\boldsymbol{e}_2$ と表される．

一般にベクトル空間 $\boldsymbol{V}$ のベクトル $\boldsymbol{a}_1, \boldsymbol{a}_2, \cdots, \boldsymbol{a}_n$ が次の条件を満たすとき $\{\boldsymbol{a}_1, \boldsymbol{a}_2, \cdots, \boldsymbol{a}_n\}$ を $\boldsymbol{V}$ の**基底**という．

(1) $\boldsymbol{a}_1, \boldsymbol{a}_2, \cdots, \boldsymbol{a}_n$ は 1 次独立である．

(2) $\boldsymbol{V}$ の任意のベクトル $\boldsymbol{a}$ は $\boldsymbol{a}_1, \boldsymbol{a}_2, \cdots, \boldsymbol{a}_n$ の 1 次結合で表される．

このとき基底に含まれるベクトルの個数 n をベクトル空間 $\boldsymbol{V}$ の**次元**といい，$\dim \boldsymbol{V} = n$ と表す．

また $\boldsymbol{V}$ の任意のベクトル $\boldsymbol{a}$ をとり $\boldsymbol{a} = x_1\boldsymbol{a}_1 + x_2\boldsymbol{a}_2 + \cdots + x_n\boldsymbol{a}_n = y_1\boldsymbol{a}_1 + y_2\boldsymbol{a}_2 + \cdots + y_n\boldsymbol{a}_n$ とすると $(x_1 - y_1)\boldsymbol{a}_1 + (x_2 - y_2)\boldsymbol{a}_2 + \cdots + (x_n - y_n)\boldsymbol{a}_n = \boldsymbol{0}$，$\boldsymbol{a}_1, \boldsymbol{a}_2, \cdots, \boldsymbol{a}_n$ は 1 次独立であるから $x_1 = y_1, \cdots x_n = y_n$ となり，これは表し方が 1 通りであることを示す．このとき $(x_1, x_2, \cdots, x_n)$ を $\boldsymbol{a}$ の基底 $\boldsymbol{a}_1, \boldsymbol{a}_2, \cdots, \boldsymbol{a}_n$ による**成分表示**という．

$\boldsymbol{e}_1 = \begin{pmatrix} 1 \\ 0 \\ \vdots \\ 0 \end{pmatrix}$，$\cdots$，$\boldsymbol{e}_n = \begin{pmatrix} 0 \\ 0 \\ \vdots \\ 1 \end{pmatrix}$ とするとき $\{\boldsymbol{e}_1, \cdots, \boldsymbol{e}_n\}$ は明らかに $\boldsymbol{R}^n$ の

基底となるから $\dim \boldsymbol{R}^n = n$. これらを $\boldsymbol{R}^n$ の**自然基底**という.

定理 6 $\boldsymbol{R}^n$ の n 個のベクトル $\boldsymbol{a}_1, \boldsymbol{a}_2, \cdots, \boldsymbol{a}_n$ が 1 次独立であるとき, これらは $\boldsymbol{R}^n$ の基底となる.

証明 $\boldsymbol{V}$ の任意のベクトルを $\boldsymbol{a}$ とするとき $A = (\boldsymbol{a}_1, \boldsymbol{a}_2, \cdots, \boldsymbol{a}_n, \boldsymbol{a})$ とおくと A は $n \times (n+1)$ 型の行列であるから A の階数は n 以下である. 定理 3 より $(n+1)$ 個のベクトル $\boldsymbol{a}_1, \boldsymbol{a}_2, \cdots, \boldsymbol{a}_n, \boldsymbol{a}$ は 1 次従属である. $\boldsymbol{a}_1, \boldsymbol{a}_2, \cdots, \boldsymbol{a}_n$ が 1 次独立であるから定理 2 より $\boldsymbol{a}$ は $\boldsymbol{a}_1, \boldsymbol{a}_2, \cdots, \boldsymbol{a}_n$ の 1 次結合で表される. ■

【例題 9】 $\left\{ \begin{pmatrix} 1 \\ 1 \end{pmatrix} \begin{pmatrix} 0 \\ 1 \end{pmatrix} \right\}$ は $\boldsymbol{R}^2$ の基底であることを示し, $\boldsymbol{x} = \begin{pmatrix} 2 \\ 3 \end{pmatrix}$ の上の基底による成分表示を求めよ.

(解) $\begin{vmatrix} 1 & 0 \\ 1 & 1 \end{vmatrix} = 1 \neq 0$ より $\begin{pmatrix} 1 \\ 1 \end{pmatrix} \begin{pmatrix} 0 \\ 1 \end{pmatrix}$ は 1 次独立.

$\boldsymbol{x} = \begin{pmatrix} 2 \\ 3 \end{pmatrix} = x \begin{pmatrix} 1 \\ 1 \end{pmatrix} + y \begin{pmatrix} 0 \\ 1 \end{pmatrix}$ とおくと, $2 = x$, $3 = x + y$ ゆえに $x = 2$, $y = 1$. よって $\boldsymbol{x}$ の成分表示は $(2, 1)$ となる. □

$\{\boldsymbol{e}_1, \cdots, \boldsymbol{e}_n\}$, $\{\boldsymbol{e}'_1, \cdots, \boldsymbol{e}'_n\}$ を 2 組の $\boldsymbol{R}^n$ の基底とする. $\boldsymbol{e}'_1, \cdots, \boldsymbol{e}'_n$ は $\boldsymbol{R}^n$ の元であるから, $\boldsymbol{e}'_1, \cdots, \boldsymbol{e}'_n$ の 1 次結合で表される. よって

$$\begin{cases} \boldsymbol{e}'_1 = p_{11}\boldsymbol{e}_1 + \cdots + p_{n1}\boldsymbol{e}_n \\ \quad \vdots \qquad\qquad\qquad \vdots \\ \boldsymbol{e}'_n = p_{1n}\boldsymbol{e}_1 + \cdots + p_{nn}\boldsymbol{e}_n \end{cases}$$

と表される. これは行列を用いて形式的に

$$(\boldsymbol{e}'_1, \cdots, \boldsymbol{e}'_n) = (\boldsymbol{e}_1, \cdots, \boldsymbol{e}_n) \begin{pmatrix} p_{11} & \cdots & p_{1n} \\ \vdots & & \vdots \\ p_{n1} & \cdots & p_{nn} \end{pmatrix}$$

と表せる.

このとき $P = \begin{pmatrix} p_{11} & \cdots & p_{1n} \\ \vdots & & \vdots \\ p_{n1} & \cdots & p_{nn} \end{pmatrix}$ を基底変換 $\{\boldsymbol{e}_1, \cdots, \boldsymbol{e}_n\} \to \{\boldsymbol{e}'_1, \cdots, \boldsymbol{e}'_n\}$ を表す行列という.

同様にして n 次正方行列 Q を用いて

$$(\boldsymbol{e}_1, \cdots, \boldsymbol{e}_n) = (\boldsymbol{e}'_1, \cdots, \boldsymbol{e}'_n)Q$$

と表せる. したがって $(\boldsymbol{e}_1, \cdots, \boldsymbol{e}_n) = (\boldsymbol{e}'_1, \cdots, \boldsymbol{e}'_n)Q = (\boldsymbol{e}_1, \cdots, \boldsymbol{e}_n)PQ$ であるから $PQ = E$, すなわち $P^{-1} = Q$
で P は正則行列である.

$\boldsymbol{R}^n$ のベクトル $\boldsymbol{x}$ について上の 2 組の基底による成分表示を $(x_1, \cdots, x_n)$, $(x'_1, \cdots, x'_n)$ とすると

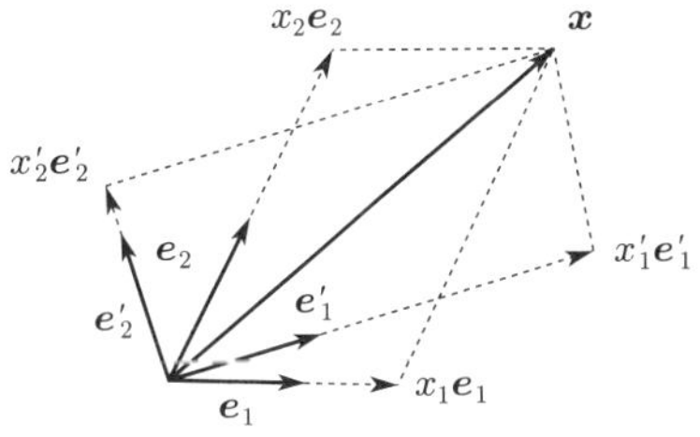

図 3.5

$$\begin{aligned} \boldsymbol{x} &= x_1\boldsymbol{e}_1 + \cdots + x_n\boldsymbol{e}_n = x'_1\boldsymbol{e}'_1 + \cdots + x'_n\boldsymbol{e}'_n \\ &= x'_1(p_{11}\boldsymbol{e}_1 + \cdots + p_{n1}\boldsymbol{e}_n) + \cdots + x'_n(p_{1n}\boldsymbol{e}_1 + \cdots + p_{nn}\boldsymbol{e}_n) \\ &= (p_{11}x'_1 + \cdots + p_{1n}x'_n)\boldsymbol{e}_1 + \cdots + (p_{n1}x'_1 + \cdots + p_{nn}x'_n)\boldsymbol{e}_n \end{aligned}$$

ゆえに

$$\begin{cases} x_1 = p_{11}x'_1 + \cdots + p_{1n}x'_n \\ \quad \vdots \qquad\qquad \vdots \\ x_n = p_{n1}x'_1 + \cdots + p_{nn}x'_n \end{cases}$$

これを行列で表すと $\begin{pmatrix} x_1 \\ \vdots \\ x_n \end{pmatrix} = P \begin{pmatrix} x'_1 \\ \vdots \\ x'_n \end{pmatrix}$

定理 7 P を $\boldsymbol{R}^n$ の基底変換 $\{\boldsymbol{e}_1, \cdots, \boldsymbol{e}_n\} \to \{\boldsymbol{e}'_1, \cdots, \boldsymbol{e}'_n\}$ を表す行列とすると P は正則行列であり，$\boldsymbol{R}^n$ のベクトル $\boldsymbol{x}$ の上の 2 組の基底による成分表示を，それぞれ $(x_1, \cdots, x_n), (x'_1, \cdots, x'_n)$ とすると，

$$\begin{pmatrix} x_1 \\ \vdots \\ x_n \end{pmatrix} = P \begin{pmatrix} x'_1 \\ \vdots \\ x'_n \end{pmatrix}$$

が成り立つ．

【例題 10】 $\boldsymbol{a}_1 = \begin{pmatrix} 1 \\ 1 \end{pmatrix}$, $\boldsymbol{a}_2 = \begin{pmatrix} -4 \\ -5 \end{pmatrix}$, $\boldsymbol{b}_1 = \begin{pmatrix} 1 \\ -1 \end{pmatrix}$, $\boldsymbol{b}_2 = \begin{pmatrix} 4 \\ -1 \end{pmatrix}$ のとき，基底変換 $\{\boldsymbol{a}_1, \boldsymbol{a}_2\} \to \{\boldsymbol{b}_1, \boldsymbol{b}_2\}$ を表す行列 P を求めよ．

(解) $\begin{pmatrix} 1 \\ -1 \end{pmatrix} = p_{11} \begin{pmatrix} 1 \\ 1 \end{pmatrix} + p_{21} \begin{pmatrix} -4 \\ -5 \end{pmatrix} = \begin{pmatrix} p_{11} - 4p_{21} \\ p_{11} - 5p_{21} \end{pmatrix}$

$$\begin{pmatrix} 4 \\ -1 \end{pmatrix} = p_{12} \begin{pmatrix} 1 \\ 1 \end{pmatrix} + p_{22} \begin{pmatrix} -4 \\ -5 \end{pmatrix} = \begin{pmatrix} p_{12} - 4p_{22} \\ p_{12} - 5p_{22} \end{pmatrix}$$

よって

$$\begin{cases} p_{11} - 4p_{21} = 1 \\ p_{11} - 5p_{21} = -1 \end{cases} \qquad \begin{cases} p_{12} - 4p_{22} = 4 \\ p_{12} - 5p_{22} = -1 \end{cases}$$

これを解いて $\begin{cases} p_{11} = 9,\ p_{21} = 2 \\ p_{12} = 24,\ p_{22} = 5 \end{cases}$

よって $P = {}^t\begin{pmatrix} 9 & 2 \\ 24 & 5 \end{pmatrix} = \begin{pmatrix} 9 & 24 \\ 2 & 5 \end{pmatrix}$ □

節末問題 3.4

1. $\boldsymbol{R}^3$ において次の部分集合は部分空間をなすか．

(1) $\boldsymbol{W}_1 = \left\{ \begin{pmatrix} x \\ y \\ z \end{pmatrix} \middle| \; x+y+z=0 \right\}$

(2) $\boldsymbol{W}_2 = \left\{ \begin{pmatrix} x \\ y \\ z \end{pmatrix} \middle| \; x^2+y^2+z^2=1 \right\}$

2. $\left\{ \begin{pmatrix} 1 \\ 2 \end{pmatrix} \begin{pmatrix} 3 \\ 4 \end{pmatrix} \right\}$ は $\boldsymbol{R}^2$ の基底であることを示し，$\boldsymbol{x} = \begin{pmatrix} 4 \\ 2 \end{pmatrix}$ の上の基底による成分表示を求めよ．

3. $\left\{ \begin{pmatrix} 2 \\ -1 \\ 1 \end{pmatrix} \begin{pmatrix} -1 \\ 2 \\ 3 \end{pmatrix} \begin{pmatrix} 0 \\ -3 \\ 2 \end{pmatrix} \right\}$ は，$\boldsymbol{R}^3$ の基底であることを示し，$\boldsymbol{x} = \begin{pmatrix} -1 \\ 0 \\ 1 \end{pmatrix}$ の上の基底による成分表示を求めよ．

4. $\boldsymbol{R}^3$ のベクトル $\boldsymbol{a} = \begin{pmatrix} 1 \\ 1 \\ 1 \end{pmatrix}, \boldsymbol{b} = \begin{pmatrix} a \\ b \\ c \end{pmatrix}, \boldsymbol{c} = \begin{pmatrix} a^2 \\ b^2 \\ c^2 \end{pmatrix}$ が基底となるための条件を求めよ．

5. $\boldsymbol{a}_1 = \begin{pmatrix} 1 \\ 2 \end{pmatrix}, \boldsymbol{a}_2 = \begin{pmatrix} 2 \\ 5 \end{pmatrix}, \boldsymbol{b}_1 = \begin{pmatrix} 1 \\ 1 \end{pmatrix}, \boldsymbol{b}_2 = \begin{pmatrix} 3 \\ 2 \end{pmatrix}$ のとき，基底変換 $\{\boldsymbol{a}_1, \boldsymbol{a}_2\} \to \{\boldsymbol{b}_1, \boldsymbol{b}_2\}$ を表す行列 P を求めよ．

(答) **1**. (1) 部分空間をなす．(2) 部分空間ではない．**2**. $(-5, 3)$
3. $\left(-\frac{10}{27}, \frac{7}{27}, \frac{8}{27}\right)$ **4**. a, b, c が異なる．**5**. $\begin{pmatrix} 3 & 11 \\ -1 & -4 \end{pmatrix}$

3.5　1 次 変 換

【例 4】　xy 平面上の点 $P(x,y)$ を x 軸に関する対称点 $P'(x',y')$ に移す移動を **x 軸に関する対称移動**という.

$$\begin{cases} x' = x \\ y' = -y \end{cases} \quad \text{ゆえに} \begin{cases} x' = 1x + 0y \\ y' = 0x + (-1)y \end{cases}$$

よって行列を用いて $\begin{pmatrix} x' \\ y' \end{pmatrix} = \begin{pmatrix} 1 & 0 \\ 0 & -1 \end{pmatrix} \begin{pmatrix} x \\ y \end{pmatrix}$ と表される.

【例 5】　xy 平面上の点 $P(x,y)$ を原点 O を中心として，θ だけ回転した点 $P'(x',y')$ に移す移動を**回転移動**という.

$$\begin{aligned} \overrightarrow{OQ'} &= (x\cos\theta, x\sin\theta) \\ \overrightarrow{OR'} &= (-y\sin\theta, y\cos\theta) \\ \overrightarrow{OP'} &= \overrightarrow{OQ'} + \overrightarrow{OR'} \\ &= (x\cos\theta - y\sin\theta, x\sin\theta + y\cos\theta) \end{aligned}$$

ゆえに $\begin{cases} x' = x\cos\theta - y\sin\theta \\ y' = x\sin\theta + y\cos\theta \end{cases}$

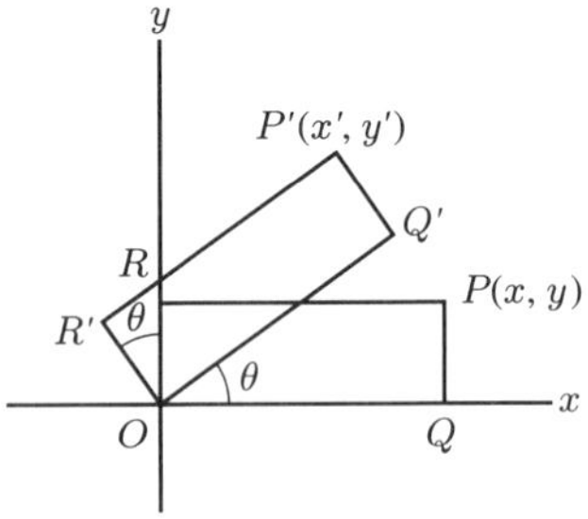

図 3.6

よって回転移動は行列を用いて $\begin{pmatrix} x' \\ y' \end{pmatrix} = \begin{pmatrix} \cos\theta & -\sin\theta \\ \sin\theta & \cos\theta \end{pmatrix} \begin{pmatrix} x \\ y \end{pmatrix}$ と表される.

一般に xy 平面上の点 $P(x,y)$ を点 $P'(x',y')$ に移す移動 f が

$$\begin{cases} x' = ax + by \\ y' = cx + dy \end{cases} \qquad (a,b,c,d \text{ は定数}) \tag{1}$$

と表されるとき、この移動 f を **1 次変換**という. (1) 式は行列を用いると

$\begin{pmatrix} x' \\ y' \end{pmatrix} = \begin{pmatrix} a & b \\ c & d \end{pmatrix} \begin{pmatrix} x \\ y \end{pmatrix}$ と表される.

このとき行列 $\begin{pmatrix} a & b \\ c & d \end{pmatrix}$ を **1 次変換 $\boldsymbol{f}$ を表す行列**という.

> **定理 8** 1 次変換 f によって異なる 2 点 A, B が，それぞれ異なる 2 点 A', B' に移れば，直線 AB は f によって直線 $A'B'$ に移る.

証明 直線 AB 上の点 P をとる．$\overrightarrow{OA} = \boldsymbol{a}, \overrightarrow{OB} = \boldsymbol{b}, \overrightarrow{OA'} = \boldsymbol{a'}, \overrightarrow{OB'} = \boldsymbol{b'}$ とすると，

$$\overrightarrow{OP} = \boldsymbol{a} + t(\boldsymbol{b} - \boldsymbol{a}) \quad (t \text{ は実数})$$

と表される．f を表す行列を T とする.

$$\begin{aligned} f(\overrightarrow{OP}) &= f(\boldsymbol{a} + t(\boldsymbol{b} - \boldsymbol{a})) = T(\boldsymbol{a} + t(\boldsymbol{b} - \boldsymbol{a})) \\ &= f(\boldsymbol{a}) + t(f(\boldsymbol{b}) - f(\boldsymbol{a})) \\ &= \boldsymbol{a'} + t(\boldsymbol{b'} - \boldsymbol{a'}) \end{aligned}$$

よって $f(\overrightarrow{OP}) = \overrightarrow{OP'}$(ここで P' は直線 $A'B'$ 上の点) と表される．これは $f(P) = P'$ を意味する．よって点 P は f によって，直線 $A'B'$ 上の点 P' に移る. ∎

【例題 11】 直線 $l : x + 3y - 3 = 0$ は行列 $\begin{pmatrix} 1 & -1 \\ 2 & 4 \end{pmatrix}$ で表される 1 次変換でどのような図形に移るか.

(解) $\begin{pmatrix} x' \\ y' \end{pmatrix} = \begin{pmatrix} 1 & -1 \\ 2 & 4 \end{pmatrix} \begin{pmatrix} x \\ y \end{pmatrix}$

ゆえに

$$\begin{cases} x' = x - y \\ y' = 2x + 4y \end{cases} \tag{1}$$

$x + 3y - 3 = 0$ より $x = 3 - 3y$．これを (1) 式に代入

$$\begin{cases} x' = 3 - 3y - y = 3 - 4y & (2) \\ y' = 2(3y - 3) + 4y = 6 - 2y & (3) \end{cases}$$

(2)−2×(3) より $x' - 2y' = -9$. ゆえに $x' - 2y' + 9 = 0$. よって直線 $x - 2y + 9 = 0$ に移る. □

点 (x, y) を点 (x', y') に移す 1 次変換 f は，ベクトル $\boldsymbol{x} = \begin{pmatrix} x \\ y \end{pmatrix}$ をベクトル $\boldsymbol{x'} = \begin{pmatrix} x' \\ y' \end{pmatrix}$ に移す対応とも考えられる．このとき次が成り立つ．

定理 9 (1) $f(\boldsymbol{x_1} + \boldsymbol{x_2}) = f(\boldsymbol{x_1}) + f(\boldsymbol{x_2})$
(2) $f(k\boldsymbol{x}) = kf(\boldsymbol{x})$

証明 1 次変換 f を表す行列を A とすると，

$$\begin{aligned} f(\boldsymbol{x_1} + \boldsymbol{x_2}) &= A(\boldsymbol{x_1} + \boldsymbol{x_2}) \\ &= A\boldsymbol{x_1} + A\boldsymbol{x_2} \\ &= f(\boldsymbol{x_1}) + f(\boldsymbol{x_2}) \end{aligned}$$

$$f(k\boldsymbol{x}) = A(k\boldsymbol{x}) = k(A\boldsymbol{x}) = kf(\boldsymbol{x})$$ ■

一般に $\boldsymbol{V}, \boldsymbol{W}$ をベクトル空間とし $f : \boldsymbol{V} \to \boldsymbol{W}$ が (1)(2) を満たすとき f を線形写像といい，特に $\boldsymbol{V} = \boldsymbol{W}$ のとき**1 次変換** (線形変換) という．

$f : \begin{pmatrix} x_1 \\ \vdots \\ x_n \end{pmatrix} \to \begin{pmatrix} y_1 \\ \vdots \\ y_m \end{pmatrix}$ を $\boldsymbol{R}^n$ から $\boldsymbol{R}^m$ への線形写像とする．

$\boldsymbol{e}_1 = \begin{pmatrix} 1 \\ 0 \\ \vdots \\ 0 \end{pmatrix}, \cdots, \boldsymbol{e}_n = \begin{pmatrix} 0 \\ 0 \\ \vdots \\ 1 \end{pmatrix}$ として，

$f(\boldsymbol{e}_1) = \begin{pmatrix} a_{11} \\ \vdots \\ a_{m1} \end{pmatrix}, \cdots, f(\boldsymbol{e}_n) = \begin{pmatrix} a_{1n} \\ \vdots \\ a_{mn} \end{pmatrix}$ とする．

$$\begin{pmatrix} y_1 \\ \vdots \\ y_m \end{pmatrix} = f(x_1\boldsymbol{e}_1 + \cdots + x_n\boldsymbol{e}_n) = x_1 f(\boldsymbol{e}_1) + \cdots + x_n f(\boldsymbol{e}_n)$$

$$= x_1 \begin{pmatrix} a_{11} \\ \vdots \\ a_{m1} \end{pmatrix} + \cdots + x_n \begin{pmatrix} a_{1n} \\ \vdots \\ a_{mn} \end{pmatrix} = \begin{pmatrix} a_{11}x_1 + \cdots + a_{1n}x_n \\ \vdots \\ a_{m1}x_1 + \cdots + a_{mn}x_n \end{pmatrix}$$

$$= \begin{pmatrix} a_{11} & \cdots & a_{1n} \\ \vdots & \cdots & \vdots \\ a_{m1} & \cdots & a_{mn} \end{pmatrix} \begin{pmatrix} x_1 \\ \vdots \\ x_n \end{pmatrix}$$

よって $f : \boldsymbol{R}^n \to \boldsymbol{R}^m$ という線形写像は

$$\begin{pmatrix} y_1 \\ \vdots \\ y_m \end{pmatrix} = \begin{pmatrix} a_{11} & \cdots & a_{1n} \\ \vdots & \cdots & \vdots \\ a_{m1} & \cdots & a_{mn} \end{pmatrix} \begin{pmatrix} x_1 \\ \vdots \\ x_n \end{pmatrix}$$

と書ける．このとき上の行列 (a_{ij}) を線形写像 f を表す行列という．

【例 6】 ベクトル空間 $\boldsymbol{V} = \{ax^2 + bx + c | a, b, c \in \boldsymbol{R}\}$，$\boldsymbol{W} = \{ax + b | a, b \in \boldsymbol{R}\}$ に対して，$f(x) \in \boldsymbol{V}$ にその導関数 $f'(x) \in \boldsymbol{W}$ を対応させる写像を D とすると

$$\begin{aligned} D(f(x) + g(x)) &= (f(x) + g(x))' = f'(x) + g'(x) \\ &= D(f(x)) + D(g(x)) \\ D(kf(x)) &= (kf(x))' = kf'(x) = kD(f(x)) \end{aligned}$$

より D は $\boldsymbol{V}$ から $\boldsymbol{W}$ への線形写像である．

$\boldsymbol{R}^n$，$\boldsymbol{R}^m$ の自然基底 $\{\boldsymbol{e}_1, \cdots, \boldsymbol{e}_n\}, \{\boldsymbol{e}'_1, \cdots, \boldsymbol{e}'_m\}$ に対して

$$\begin{cases} f(\boldsymbol{e}_1) = a_{11}\boldsymbol{e}'_1 + \cdots + a_{m1}\boldsymbol{e}'_m \\ \quad \vdots \qquad\qquad \vdots \\ f(\boldsymbol{e}_n) = a_{1n}\boldsymbol{e}'_1 + \cdots + a_{mn}\boldsymbol{e}'_m \end{cases}$$

とするとき

$$\begin{pmatrix} a_{11} & \cdots & a_{1n} \\ \vdots & \cdots & \vdots \\ a_{m1} & \cdots & a_{mn} \end{pmatrix}$$

が f を表す行列である．一般に f を $\boldsymbol{V}$ から $\boldsymbol{W}$ への線形写像とし，その基底をそれぞれ $\{\boldsymbol{a}_1, \cdots, \boldsymbol{a}_n\}, \{\boldsymbol{b}_1, \cdots, \boldsymbol{b}_m\}$ とし

$$\begin{cases} f(\boldsymbol{a}_1) = a_{11}\boldsymbol{b}_1 + \cdots + a_{m1}\boldsymbol{b}_m \\ \quad\vdots \qquad\qquad \vdots \\ f(\boldsymbol{a}_n) = a_{1n}\boldsymbol{b}_1 + \cdots + a_{mn}\boldsymbol{b}_m \end{cases} \tag{1}$$

のとき $\begin{pmatrix} a_{11} & \cdots & a_{1n} \\ \vdots & \cdots & \vdots \\ a_{m1} & \cdots & a_{mn} \end{pmatrix} = A$ を f の基底 $\{\boldsymbol{a}_1, \cdots, \boldsymbol{a}_n\}, \{\boldsymbol{b}_1, \cdots, \boldsymbol{b}_m\}$ に関する表現行列という．

(1) は行列を用いて $(f(\boldsymbol{a}_1) \cdots f(\boldsymbol{a}_n)) = (\boldsymbol{b}_1 \cdots \boldsymbol{b}_m)A$ と表される．
このとき

$$\boldsymbol{x} = x_1\boldsymbol{a}_1 + \cdots + x_n\boldsymbol{a}_n$$

に対して

$$f(\boldsymbol{x}) = y_1\boldsymbol{b}_1 + \cdots + y_m\boldsymbol{b}_m$$

とすると，

$$\begin{aligned} f(\boldsymbol{x}) &= x_1(a_{11}\boldsymbol{b}_1 + \cdots + a_{m1}\boldsymbol{b}_m) + \cdots + x_n(a_{1n}\boldsymbol{b}_1 + \cdots + a_{mn}\boldsymbol{b}_m) \\ &= (a_{11}x_1 + \cdots + a_{1n}x_n)\boldsymbol{b}_1 + \cdots + (a_{m1}x_1 + \cdots + a_{mn}x_n)\boldsymbol{b}_m \end{aligned}$$

より

$$\begin{pmatrix} y_1 \\ \vdots \\ y_m \end{pmatrix} = \begin{pmatrix} a_{11} & \cdots & a_{1n} \\ \vdots & \cdots & \vdots \\ a_{m1} & \cdots & a_{mn} \end{pmatrix} \begin{pmatrix} x_1 \\ \vdots \\ x_n \end{pmatrix}$$

を得る．

定理 10 ベクトル空間 $\boldsymbol{V}$ から $\boldsymbol{W}$ への線形写像 f の基底 $\{\boldsymbol{a}_1, \cdots, \boldsymbol{a}_n\}$, $\{\boldsymbol{b}_1, \cdots, \boldsymbol{b}_m\}$ に関する表現行列を A とする.
このとき

$$\boldsymbol{x} = x_1\boldsymbol{a}_1 + \cdots + x_n\boldsymbol{a}_n$$

に対して

$$f(\boldsymbol{x}) = y_1\boldsymbol{b}_1 + \cdots + y_m\boldsymbol{b}_m$$

とすると,

$$\begin{pmatrix} y_1 \\ \vdots \\ y_m \end{pmatrix} = A \begin{pmatrix} x_1 \\ \vdots \\ x_n \end{pmatrix}$$

【例題 12】 線形写像 $f : \boldsymbol{R}^3 \to \boldsymbol{R}^2 : \begin{pmatrix} x \\ y \\ z \end{pmatrix} \to \begin{pmatrix} 6x+5y+4z \\ -x-y-z \end{pmatrix}$ の次の基底に関する表現行列 F を求めよ.

$$\boldsymbol{a}_1 = \begin{pmatrix} -1 \\ 1 \\ 1 \end{pmatrix} \boldsymbol{a}_2 = \begin{pmatrix} 1 \\ -1 \\ 1 \end{pmatrix} \boldsymbol{a}_3 = \begin{pmatrix} 1 \\ 1 \\ -1 \end{pmatrix}, \ \boldsymbol{b}_1 = \begin{pmatrix} -1 \\ 1 \end{pmatrix} \boldsymbol{b}_2 = \begin{pmatrix} 2 \\ -1 \end{pmatrix}$$

(解)

$$f(\boldsymbol{a}_1) = \begin{pmatrix} 3 \\ -1 \end{pmatrix} = x_1 \begin{pmatrix} -1 \\ 1 \end{pmatrix} + y_1 \begin{pmatrix} 2 \\ -1 \end{pmatrix}$$

$$f(\boldsymbol{a}_2) = \begin{pmatrix} 5 \\ -1 \end{pmatrix} = x_2 \begin{pmatrix} -1 \\ 1 \end{pmatrix} + y_2 \begin{pmatrix} 2 \\ -1 \end{pmatrix}$$

$$f(\boldsymbol{a}_3) = \begin{pmatrix} 7 \\ -1 \end{pmatrix} = x_3 \begin{pmatrix} -1 \\ 1 \end{pmatrix} + y_3 \begin{pmatrix} 2 \\ -1 \end{pmatrix}$$

すなわち

$$\begin{cases} -x_1 + 2y_1 = 3 \\ x_1 - y_1 = -1 \end{cases} \quad \begin{cases} -x_2 + 2y_2 = 5 \\ x_2 - y_2 = -1 \end{cases} \quad \begin{cases} -x_3 + 2y_3 = 7 \\ x_3 - y_3 = -1 \end{cases}$$

これを解いて $\begin{cases} x_1 = 1,\ y_1 = 2 \\ x_2 = 3,\ y_2 = 4 \\ x_3 = 5,\ y_3 = 6 \end{cases}$ よって $F = \begin{pmatrix} 1 & 3 & 5 \\ 2 & 4 & 6 \end{pmatrix}$ □

次に $\boldsymbol{U}, \boldsymbol{V}, \boldsymbol{W}$ をベクトル空間として f を $\boldsymbol{U}$ から $\boldsymbol{V}$ への線形写像，g を $\boldsymbol{V}$ から $\boldsymbol{W}$ への線形写像とする．このとき f と g の合成写像 $g \circ f$ を $g \circ f(x) = g(f(x))$ と定めると $g \circ f$ は $\boldsymbol{U}$ から $\boldsymbol{W}$ への線形写像となる．このとき次の定理が成り立つ．

定理 11 $\boldsymbol{U}, \boldsymbol{V}, \boldsymbol{W}$ の基底をそれぞれ $\{\boldsymbol{a}_1, \cdots, \boldsymbol{a}_n\}, \{\boldsymbol{b}_1, \cdots, \boldsymbol{b}_m\}, \{\boldsymbol{c}_1, \cdots, \boldsymbol{c}_l\}$ とする．

基底 $\{\boldsymbol{a}_1, \cdots, \boldsymbol{a}_n\}, \{\boldsymbol{b}_1, \cdots, \boldsymbol{b}_m\}$ に関する f の表現行列を A

基底 $\{\boldsymbol{b}_1, \cdots, \boldsymbol{b}_m\}, \{\boldsymbol{c}_1, \cdots, \boldsymbol{c}_l\}$ に関する g の表現行列を B とすると

基底 $\{\boldsymbol{a}_1, \cdots, \boldsymbol{a}_n\}, \{\boldsymbol{c}_1, \cdots, \boldsymbol{c}_l\}$ に関する $g \circ f$ の表現行列は BA である．

証明 $(f(\boldsymbol{a}_1) \cdots f(\boldsymbol{a}_n)) = (\boldsymbol{b}_1 \cdots \boldsymbol{b}_m)A$

$(g(\boldsymbol{b}_1) \cdots g(\boldsymbol{b}_m)) = (\boldsymbol{c}_1 \cdots \boldsymbol{c}_l)B$

よって

$$(g(f(\boldsymbol{a}_1)) \cdots g(f(\boldsymbol{a}_n))) = (g(\boldsymbol{b}_1) \cdots g(\boldsymbol{b}_m))A = (\boldsymbol{c}_1 \cdots \boldsymbol{c}_l)BA$$ ∎

節末問題 3.5

1. 直線 $x-\sqrt{3}y+1=0$ を原点のまわりに正の向きに 60° 回転して得られる直線の方程式を求めよ．

2. 1 次変換 f について，次の式の成り立つことを示せ．

$$f(k\boldsymbol{x_1}+l\boldsymbol{x_2})=kf(\boldsymbol{x_1})+lf(\boldsymbol{x_2})$$

3. 次の写像は線形写像でないことを示せ．

(1) $f:\boldsymbol{R}^2\to\boldsymbol{R}:\begin{pmatrix}x\\y\end{pmatrix}\to xy$

(2) $f:\boldsymbol{R}^3\to\boldsymbol{R}^2:\begin{pmatrix}x\\y\\z\end{pmatrix}\to\begin{pmatrix}3x-z\\y+2\end{pmatrix}$

4. ベクトル空間 $\boldsymbol{V}=\{ax^2+bx+c|a,b,c\in\boldsymbol{R}\}$, $\boldsymbol{W}=\{ax+b|a,b\in\boldsymbol{R}\}$ に対して, $f(x)\in\boldsymbol{V}$ にその導関数 $f'(x)\in\boldsymbol{W}$ を対応させる線形写像を D とするとき次の問いに答えよ．

(1) $\{x^2,x,1\},\{x,1\}$ はそれぞれベクトル空間 $\boldsymbol{V},\boldsymbol{W}$ の基底であることを示せ．

(2) 線形写像 D の (1) の基底に関する表現行列を求めよ．

5. 線形写像 $f:\boldsymbol{R}^3\to\boldsymbol{R}^2:\begin{pmatrix}x\\y\\z\end{pmatrix}\to\begin{pmatrix}3x+y-z\\2x+3y+z\end{pmatrix}$ の次の基底に関する表現行列を求めよ．

$$\boldsymbol{a}_1=\begin{pmatrix}1\\2\\3\end{pmatrix}\boldsymbol{a}_2=\begin{pmatrix}0\\-1\\1\end{pmatrix}\boldsymbol{a}_3=\begin{pmatrix}1\\0\\2\end{pmatrix},\quad \boldsymbol{b}_1=\begin{pmatrix}1\\2\end{pmatrix}\boldsymbol{b}_2=\begin{pmatrix}3\\4\end{pmatrix}$$

(答) **1**. $x=-\dfrac{1}{2}$ **3**. $f(\boldsymbol{x}_1+\boldsymbol{x}_2)=f(\boldsymbol{x}_1)+f(\boldsymbol{x}_2)$ または $f(k\boldsymbol{x})=kf(\boldsymbol{x})$ が成り立たない具体例をあげる． **4**. (2) $\begin{pmatrix}2&0&0\\0&1&0\end{pmatrix}$ **5**. $\begin{pmatrix}\dfrac{25}{2}&1&4\\-\dfrac{7}{2}&-1&-1\end{pmatrix}$

3.6　基底の変換

ベクトル空間 $\boldsymbol{V}$ から $\boldsymbol{V}$ 自身への 1 次変換 f に対して，基底 $\{\boldsymbol{a}_1, \cdots, \boldsymbol{a}_n\}$, $\{\boldsymbol{a}_1, \cdots, \boldsymbol{a}_n\}$ に関する f の表現行列 A を単に基底 $\{\boldsymbol{a}_1, \cdots, \boldsymbol{a}_n\}$ に関する f の**表現行列**といい，$f_{\{\boldsymbol{a}_1,\cdots,\boldsymbol{a}_n\}} \leftrightarrow A$ と表す．このとき次の定理が成り立つ．

> **定理 12**　$\{\boldsymbol{a}_1, \cdots, \boldsymbol{a}_n\}, \{\boldsymbol{b}_1, \cdots, \boldsymbol{b}_n\}$ をベクトル空間 $\boldsymbol{V}$ の基底とする．$\boldsymbol{V}$ の 1 次変換 f に対して $f_{\{\boldsymbol{a}_1,\cdots,\boldsymbol{a}_n\}} \leftrightarrow A$, $f_{\{\boldsymbol{b}_1,\cdots,\boldsymbol{b}_n\}} \leftrightarrow B$ とし，基底変換 $\{\boldsymbol{a}_1, \cdots, \boldsymbol{a}_n\} \to \{\boldsymbol{b}_1, \cdots, \boldsymbol{b}_n\}$ を表す行列を P とすると，$B = P^{-1}AP$ となる．

証明　$(f(\boldsymbol{a}_1) \cdots f(\boldsymbol{a}_n)) = (\boldsymbol{a}_1 \cdots \boldsymbol{a}_n)A$

$$(f(\boldsymbol{b}_1) \cdots f(\boldsymbol{b}_n)) = (\boldsymbol{b}_1 \cdots \boldsymbol{b}_n)B \tag{1}$$

一方，$(\boldsymbol{b}_1, \cdots, \boldsymbol{b}_n) = (\boldsymbol{a}_1, \cdots, \boldsymbol{a}_n)P$

ゆえに，
$$\begin{aligned}(f(\boldsymbol{b}_1) \cdots f(\boldsymbol{b}_n)) &= (f(\boldsymbol{a}_1) \cdots f(\boldsymbol{a}_n))P \\ &= (\boldsymbol{a}_1 \cdots \boldsymbol{a}_n)AP \\ &= (\boldsymbol{b}_1 \cdots \boldsymbol{b}_n)P^{-1}AP\end{aligned}$$

(1) 式と比較して $B = P^{-1}AP$.　■

【例 7】　1 次変換 $f : \boldsymbol{R}^2 \to \boldsymbol{R}^2 : \begin{pmatrix} x \\ y \end{pmatrix} \to \begin{pmatrix} \frac{3}{2}x + \frac{1}{2}y \\ \frac{1}{2}x + \frac{3}{2}y \end{pmatrix}$ とするとき，自然基底 $\{\boldsymbol{e}_1, \boldsymbol{e}_2\}$ に関する表現行列は $A = \dfrac{1}{2}\begin{pmatrix} 3 & 1 \\ 1 & 3 \end{pmatrix}$ で基底 $\left\{\boldsymbol{a}_1 = \begin{pmatrix} 1 \\ 1 \end{pmatrix}, \boldsymbol{a}_2 = \begin{pmatrix} -1 \\ 1 \end{pmatrix}\right\}$ に対して基底変換 $\{\boldsymbol{e}_1, \boldsymbol{e}_2\} \to \{\boldsymbol{a}_1, \boldsymbol{a}_2\}$ を表

す行列は $P=\begin{pmatrix} 1 & -1 \\ 1 & 1 \end{pmatrix}$

このとき基底 $\{\boldsymbol{a}_1, \boldsymbol{a}_2\}$ に関する表現行列は

$$B=P^{-1}AP=\frac{1}{2}\begin{pmatrix} 1 & 1 \\ -1 & 1 \end{pmatrix}\frac{1}{2}\begin{pmatrix} 3 & 1 \\ 1 & 3 \end{pmatrix}\begin{pmatrix} 1 & -1 \\ 1 & 1 \end{pmatrix}=\begin{pmatrix} 2 & 0 \\ 0 & 1 \end{pmatrix}$$

である.

$\boldsymbol{x}=x_1\boldsymbol{a}_1+x_2\boldsymbol{a}_2,\ f(\boldsymbol{x})=y_1\boldsymbol{a}_1+y_2\boldsymbol{a}_2$ とすると,

$$\begin{pmatrix} y_1 \\ y_2 \end{pmatrix}=\begin{pmatrix} 2 & 0 \\ 0 & 1 \end{pmatrix}\begin{pmatrix} x_1 \\ x_2 \end{pmatrix}$$

よって $\begin{cases} y_1=2x_1 \\ y_2=x_2 \end{cases}$

ゆえに $f(\boldsymbol{x})=2x_1\boldsymbol{a}_1+x_2\boldsymbol{a}_2$

よって図3.7のようにベクトル $\boldsymbol{x}$ を与えたとき $f(\boldsymbol{x})$ を簡単に作図することができる.

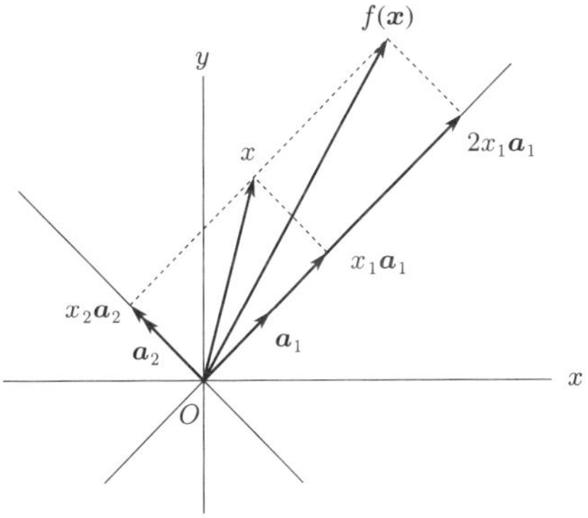

図 3.7

直交変換

ベクトル空間において正規直交系となるような基底を**正規直交基底**という.

$\{\boldsymbol{n}_1, \boldsymbol{n}_2, \boldsymbol{n}_3\}$, $\{\boldsymbol{n}'_1, \boldsymbol{n}'_2, \boldsymbol{n}'_3\}$ を2組の $\boldsymbol{R}^3$ の正規直交基底とする. このとき

$$\boldsymbol{n}_1\cdot\boldsymbol{n}_1=\boldsymbol{n}_2\cdot\boldsymbol{n}_2=\boldsymbol{n}_3\cdot\boldsymbol{n}_3=1$$
$$\boldsymbol{n}_1\cdot\boldsymbol{n}_2=\boldsymbol{n}_1\cdot\boldsymbol{n}_3=\boldsymbol{n}_2\cdot\boldsymbol{n}_3=0$$

である.

$$\boldsymbol{n}'_1=p_{11}\boldsymbol{n}_1+p_{21}\boldsymbol{n}_2+p_{31}\boldsymbol{n}_3$$
$$\boldsymbol{n}'_2=p_{12}\boldsymbol{n}_1+p_{22}\boldsymbol{n}_2+p_{32}\boldsymbol{n}_3$$
$$\boldsymbol{n}'_3=p_{13}\boldsymbol{n}_1+p_{23}\boldsymbol{n}_2+p_{33}\boldsymbol{n}_3$$

とすると

$$\boldsymbol{n}_i\cdot\boldsymbol{n}_j=\begin{cases}1 & i=j\\ 0 & i\neq j\end{cases},\quad \boldsymbol{n}'_i\cdot\boldsymbol{n}'_j=\begin{cases}1 & i=j\\ 0 & i\neq j\end{cases}$$

であるから

$$\boldsymbol{n}'_i\cdot\boldsymbol{n}'_j=p_{1i}p_{1j}+p_{2i}p_{2j}+p_{3i}p_{3j}=\begin{cases}1 & i=j\\ 0 & i\neq j\end{cases} \tag{2}$$

よって，基底変換 $\{\boldsymbol{n}_1,\boldsymbol{n}_2,\boldsymbol{n}_3\}\to\{\boldsymbol{n}'_1,\boldsymbol{n}'_2,\boldsymbol{n}'_3\}$ を表す行列

$$P=\begin{pmatrix}p_{11} & p_{12} & p_{13}\\ p_{21} & p_{22} & p_{23}\\ p_{31} & p_{32} & p_{33}\end{pmatrix}$$

について (2) 式を用いると

$${}^tPP=\begin{pmatrix}p_{11} & p_{21} & p_{31}\\ p_{12} & p_{22} & p_{32}\\ p_{13} & p_{23} & p_{33}\end{pmatrix}\begin{pmatrix}p_{11} & p_{12} & p_{13}\\ p_{21} & p_{22} & p_{23}\\ p_{31} & p_{32} & p_{33}\end{pmatrix}=\begin{pmatrix}1 & 0 & 0\\ 0 & 1 & 0\\ 0 & 0 & 1\end{pmatrix}=E$$

が成り立つ．

【例題 13】　次の性質が成り立つことを示せ．

$${}^tPP=E\Longrightarrow (1)\ |P|=\pm 1$$
$$(2)\ P^{-1}={}^tP$$
$$(3)\ P\,{}^tP=E\ (P\text{ は直交行列})$$

証明　(1) $1=|E|=|{}^tPP|=|{}^tP||P|=|P|^2$. ゆえに $|P|=\pm 1$

(2) $|P|=\pm 1\neq 0$ であるから P^{-1} が存在する．

${}^tPP=E$ の右側より P^{-1} を掛けて ${}^tP=P^{-1}$ を得る．

(3) 一般に $PP^{-1}=E$ であるが，$P^{-1}={}^tP$ より $P\,{}^tP=E$

${}^tPP=P\,{}^tP=E$ であるから P は直交行列である．　■

2 組の正規直交基底の基底変換を**直交変換**という．このとき直交変換を表す行列は直交行列となる．

【例 8 】　次の変換 (3),(4) は $\boldsymbol{R}^2$ の正規直交基底 $\{\boldsymbol{n}_1,\boldsymbol{n}_2\}$ から $\boldsymbol{R}^2$ の正規直交基底 $\{\boldsymbol{n}'_1,\boldsymbol{n}'_2\}$ への直交変換である．

$$\begin{cases} \boldsymbol{n}_1' = \cos\theta\ \boldsymbol{n}_1 + \sin\theta\ \boldsymbol{n}_2 \\ \boldsymbol{n}_2' = -\sin\theta\ \boldsymbol{n}_1 + \cos\theta\ \boldsymbol{n}_2 \end{cases} \tag{3}$$

$$\begin{cases} \boldsymbol{n}_1' = \cos\theta\ \boldsymbol{n}_1 + \sin\theta\ \boldsymbol{n}_2 \\ \boldsymbol{n}_2' = \sin\theta\ \boldsymbol{n}_1 - \cos\theta\ \boldsymbol{n}_2 \end{cases} \tag{4}$$

$\begin{pmatrix} \cos\theta & -\sin\theta \\ \sin\theta & \cos\theta \end{pmatrix}$, $\begin{pmatrix} \cos\theta & \sin\theta \\ \sin\theta & -\cos\theta \end{pmatrix}$ はどちらも直交行列で，それぞれの行列式の値は $1, -1$ である．

直交座標変換

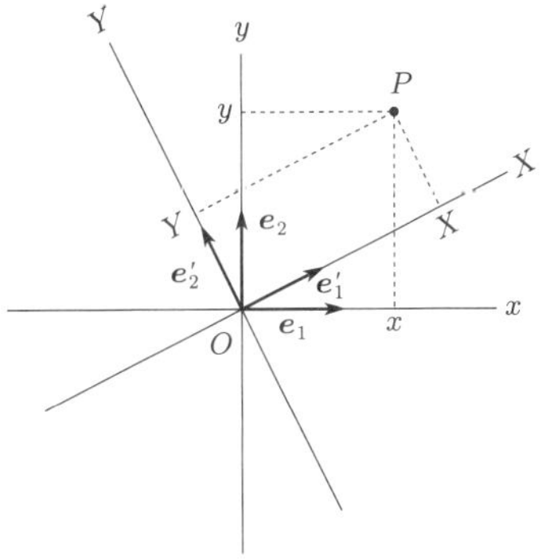

図 3.8

$$\boldsymbol{e}_1 = \begin{pmatrix} 1 \\ 0 \end{pmatrix}, \qquad \boldsymbol{e}_2 = \begin{pmatrix} 0 \\ 1 \end{pmatrix}$$

として，

$$\boldsymbol{e}_1' = \begin{pmatrix} p_{11} \\ p_{21} \end{pmatrix}, \qquad \boldsymbol{e}_2 = \begin{pmatrix} p_{12} \\ p_{22} \end{pmatrix}$$

を正規直交基底とする．

このとき $\begin{cases} \boldsymbol{e}_1' = p_{11}\boldsymbol{e}_1 + p_{21}\boldsymbol{e}_2 \\ \boldsymbol{e}_2' = p_{12}\boldsymbol{e}_1 + p_{22}\boldsymbol{e}_2 \end{cases}$

よって，基底変換 $\{\boldsymbol{e}_1, \boldsymbol{e}_2\} \to \{\boldsymbol{e}_1', \boldsymbol{e}_2'\}$ を表す行列は $P = \begin{pmatrix} p_{11} & p_{12} \\ p_{21} & p_{22} \end{pmatrix}$

$\boldsymbol{e}_1', \boldsymbol{e}_2'$ によって定まる新 XY 座標軸を考える．

平面上の点 P の xy, XY 座標を，それぞれ $(x, y), (X, Y)$ とすると，

$$\overrightarrow{OP} = x\boldsymbol{e}_1 + y\boldsymbol{e}_2 = X\boldsymbol{e}_1' + Y\boldsymbol{e}_2'$$

よって

$$\begin{pmatrix} x \\ y \end{pmatrix} = \begin{pmatrix} p_{11} & p_{12} \\ p_{21} & p_{22} \end{pmatrix} \begin{pmatrix} X \\ Y \end{pmatrix}$$

これは座標変換を表す．

【例題 14】 $\boldsymbol{e}_1' = \dfrac{1}{\sqrt{2}} \begin{pmatrix} 1 \\ 1 \end{pmatrix}$, $\boldsymbol{e}_2' = \dfrac{1}{\sqrt{2}} \begin{pmatrix} -1 \\ 1 \end{pmatrix}$ によって定まる新 XY 座標軸に関して，曲線 $xy = 1$ はどんな方程式で表されるか．

(解)　$\begin{pmatrix} x \\ y \end{pmatrix} = \dfrac{1}{\sqrt{2}} \begin{pmatrix} 1 & -1 \\ 1 & 1 \end{pmatrix} \begin{pmatrix} X \\ Y \end{pmatrix}$

より　$\begin{cases} x = \dfrac{1}{\sqrt{2}}(X - Y) \\ y = \dfrac{1}{\sqrt{2}}(X + Y) \end{cases}$

ゆえに $1 = xy$

$$= \frac{1}{\sqrt{2}}(X - Y)\ \frac{1}{\sqrt{2}}(X + Y)$$

$$= \frac{1}{2}(X^2 - Y^2)$$

よって $\dfrac{X^2}{2} - \dfrac{Y^2}{2} = 1$　□

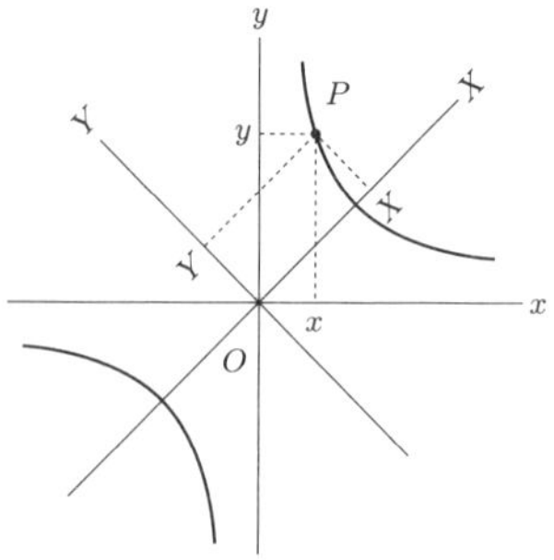

図 3.9

節末問題 3.6

1. 1 次変換 $f: \boldsymbol{R}^2 \to \boldsymbol{R}^2: \begin{pmatrix} x \\ y \end{pmatrix} \to \begin{pmatrix} -2x+3y \\ 3x-2y \end{pmatrix}$ とするとき $\boldsymbol{R}^2$ の基底 $\left\{ \boldsymbol{a} = \begin{pmatrix} 3 \\ 2 \end{pmatrix}, \boldsymbol{b} = \begin{pmatrix} 2 \\ 1 \end{pmatrix} \right\}$ に関する f の表現行列を求めよ．

2. $\boldsymbol{R}^2$ の基底 $\left\{ \boldsymbol{e}_1 = \begin{pmatrix} 1 \\ 0 \end{pmatrix}, \boldsymbol{e}_2 = \begin{pmatrix} 0 \\ 1 \end{pmatrix} \right\}$ に関する 1 次変換 $f: \boldsymbol{R}^2 \to \boldsymbol{R}^2$ の表現行列が $\begin{pmatrix} 1 & 2 \\ 2 & 4 \end{pmatrix}$ であるとき

(1) 基底 $\left\{ \boldsymbol{b}_1 = \begin{pmatrix} 1 \\ 2 \end{pmatrix}, \boldsymbol{b}_2 = \begin{pmatrix} -1 \\ 1 \end{pmatrix} \right\}$ に関する f の表現行列を求めよ．

(2) $\boldsymbol{x} = 2\boldsymbol{b}_1 + \boldsymbol{b}_2$ について $f(\boldsymbol{x})$ の基底 $\{\boldsymbol{b}_1, \boldsymbol{b}_2\}$ に関する成分を求めよ．

3. 1 次変換 $f: \boldsymbol{R}^2 \to \boldsymbol{R}^2: \begin{pmatrix} x \\ y \end{pmatrix} \to \begin{pmatrix} 3x+2y \\ x+2y \end{pmatrix}$ とするとき

(1) 基底 $\left\{ \boldsymbol{a} = \begin{pmatrix} -1 \\ 1 \end{pmatrix} \quad \boldsymbol{b} = \begin{pmatrix} 2 \\ 1 \end{pmatrix} \right\}$ に関する f の表現行列を求めよ．

(2) xy 平面上にベクトル $\boldsymbol{x}$ を任意に与え，そのときの $f(\boldsymbol{x})$ を作図によって求めよ．

4. $\boldsymbol{e}_1' = \dfrac{1}{2}\begin{pmatrix} \sqrt{3} \\ 1 \end{pmatrix}$, $\boldsymbol{e}_2' = \dfrac{1}{2}\begin{pmatrix} -1 \\ \sqrt{3} \end{pmatrix}$ によって定まる新 XY 座標軸に関して，直線 $2x^2 - 2\sqrt{3}xy + 4y^2 = 5$ はどんな方程式で表されるか．

(答) **1**. $\begin{pmatrix} 10 & 9 \\ -15 & -14 \end{pmatrix}$ **2**. (1) $\begin{pmatrix} 5 & 1 \\ 0 & 0 \end{pmatrix}$ (2) $(11, 0)$
3. (1) $\begin{pmatrix} 1 & 0 \\ 0 & 4 \end{pmatrix}$ **4**. $\dfrac{x^2}{5} + y^2 = 1$

章末問題 3

1. 次のベクトルは 1 次独立かどうか調べよ.

(1) $\begin{pmatrix} 1 \\ 2 \\ 3 \end{pmatrix}, \begin{pmatrix} 3 \\ 6 \\ 1 \end{pmatrix}, \begin{pmatrix} 1 \\ 2 \\ -5 \end{pmatrix}$, (2) $\begin{pmatrix} 1 \\ 2 \\ 0 \\ -1 \end{pmatrix}, \begin{pmatrix} -1 \\ 1 \\ 0 \\ 2 \end{pmatrix}, \begin{pmatrix} 0 \\ 3 \\ 1 \\ 0 \end{pmatrix}, \begin{pmatrix} 1 \\ 1 \\ 0 \\ 2 \end{pmatrix}$

2. $\boldsymbol{a}, \boldsymbol{b}, \boldsymbol{c}$ が 1 次独立であるとき次のことを示せ.

(1) $\boldsymbol{a}, \boldsymbol{a}+\boldsymbol{b}, \boldsymbol{a}+\boldsymbol{b}+\boldsymbol{c}$ は 1 次独立である.

(2) $c_1c_2c_3 \neq 0$ ならば $c_1\boldsymbol{a},\ c_2\boldsymbol{b},\ c_3\boldsymbol{c}$ は 1 次独立である.

3. $\boldsymbol{a}, \boldsymbol{b}, \boldsymbol{c}$ が 1 次独立であるとき, $\boldsymbol{a}-\boldsymbol{b},\ \boldsymbol{b}-\boldsymbol{c},\ \boldsymbol{c}-\boldsymbol{a}$ が 1 次独立であるかどうか調べよ.

4. 次のベクトルの中から選ぶことができる 1 次独立なベクトルの最大個数はいくつか.

$$\begin{pmatrix} 2 \\ -1 \\ 1 \\ -1 \end{pmatrix}, \begin{pmatrix} 1 \\ 1 \\ -1 \\ 1 \end{pmatrix}, \begin{pmatrix} 3 \\ 0 \\ 1 \\ -1 \end{pmatrix} \begin{pmatrix} 2 \\ -2 \\ 3 \\ -3 \end{pmatrix}$$

5. 次のベクトルの中から選ぶことができる 1 次独立なベクトルの最大個数が 3 となるように a の値を定めよ.

$$\begin{pmatrix} 1 \\ 1 \\ 1 \\ 2 \end{pmatrix}, \begin{pmatrix} 2 \\ 4 \\ -2 \\ a \end{pmatrix}, \begin{pmatrix} 1 \\ 0 \\ 0 \\ 0 \end{pmatrix} \begin{pmatrix} 0 \\ 1 \\ 3 \\ 2a-7 \end{pmatrix}, \begin{pmatrix} -2 \\ 0 \\ -2a \\ a-10 \end{pmatrix}$$

6. $\boldsymbol{n}_1, \boldsymbol{n}_2, \boldsymbol{n}_3$ が正規直交系であれば $\boldsymbol{n}_1, \boldsymbol{n}_2, \boldsymbol{n}_3$ は 1 次独立であることを示せ.

7. $\boldsymbol{R}^2$ において次の部分集合は部分空間をなすか.

(1) $\boldsymbol{W}_1 = \left\{ \begin{pmatrix} x \\ y \end{pmatrix} \middle|\ y = 3x \right\}$, (2) $\boldsymbol{W}_2 = \left\{ \begin{pmatrix} x \\ y \end{pmatrix} \middle|\ x^2 = y^2 \right\}$

8. 次のベクトル空間の基底と次元を求めよ．

(1) $$\boldsymbol{W}_1 = \left\{ \begin{pmatrix} x \\ y \\ z \end{pmatrix} \middle| \begin{array}{c} x + y - 2z = 0 \\ 2x - y + 3z = 0 \end{array} \right\}$$

(2) $$\boldsymbol{W}_2 = \left\{ \begin{pmatrix} x \\ y \\ z \end{pmatrix} \middle| \begin{array}{c} x + y - 2z = 0 \\ 2x + 2y - 4z = 0 \end{array} \right\}$$

9. 1次変換 $f : \boldsymbol{R}^3 \to \boldsymbol{R}^3 : \begin{pmatrix} x \\ y \\ z \end{pmatrix} \to \begin{pmatrix} x + z \\ x + 2y - z \\ -2x - 2y + 3z \end{pmatrix}$ の次の基底に関する表現行列を求めよ．

$$\boldsymbol{a} = \begin{pmatrix} 1 \\ -1 \\ 2 \end{pmatrix}, \ \boldsymbol{b} = \begin{pmatrix} 2 \\ -1 \\ 2 \end{pmatrix}, \ \boldsymbol{c} = \begin{pmatrix} 1 \\ -1 \\ 0 \end{pmatrix}$$

10. $\boldsymbol{R}^2$ の基底 $\left\{ \boldsymbol{a}_1 = \begin{pmatrix} 1 \\ -2 \end{pmatrix}, \boldsymbol{a}_2 = \begin{pmatrix} -1 \\ 1 \end{pmatrix} \right\}$ に関する1次変換 $f:\boldsymbol{R}^2 \to \boldsymbol{R}^2$ の表現行列が $\begin{pmatrix} 5 & 2 \\ 3 & 1 \end{pmatrix}$ であるとき

基底 $\left\{ \boldsymbol{b}_1 = \begin{pmatrix} 0 \\ -1 \end{pmatrix}, \boldsymbol{b}_2 = \begin{pmatrix} 2 \\ -5 \end{pmatrix} \right\}$ に関する f の表現行列を求めよ．

(答) **1**. (1) 1次従属　(2) 1次独立　**3**. 1次従属　**4**. 3　**5**. $a = 5$

6. $c_1\boldsymbol{n}_1 + c_2\boldsymbol{n}_2 + c_3\boldsymbol{n}_3 = \boldsymbol{0}$ とおいて，$\boldsymbol{n}_1, \boldsymbol{n}_2, \boldsymbol{n}_3$ との内積を考えよ．

7. (1) 部分空間となる．　(2) 部分空間ではない．

8. (1) 基底 $\begin{pmatrix} 1 \\ -7 \\ -3 \end{pmatrix}$, 次元 1　(2) 基底 $\begin{pmatrix} 2 \\ 0 \\ 1 \end{pmatrix}, \begin{pmatrix} -1 \\ 1 \\ 0 \end{pmatrix}$ 次元 2

9. $\begin{pmatrix} 3 & 0 & 0 \\ 0 & 2 & 0 \\ 0 & 0 & 1 \end{pmatrix}$　**10**. $\dfrac{1}{2}\begin{pmatrix} 5 & 13 \\ 3 & 7 \end{pmatrix}$

4

行列の対角化

4.1 固　　有　　値

4.1.1 固有値と固有ベクトル

$\boldsymbol{R}^2$ の 1 次変換 $f : \begin{pmatrix} x_1 \\ x_2 \end{pmatrix} \to \begin{pmatrix} 3x_1 + 4x_2 \\ 2x_1 + x_2 \end{pmatrix}$ の自然基底

$\left\{ \boldsymbol{e}_1 = \begin{pmatrix} 1 \\ 0 \end{pmatrix}, \boldsymbol{e}_2 = \begin{pmatrix} 0 \\ 1 \end{pmatrix} \right\}$ に関する行列 A は

$$f(\boldsymbol{e}_1) = \begin{pmatrix} 3 \cdot 1 + 4 \cdot 0 \\ 2 \cdot 1 + 0 \end{pmatrix} = \begin{pmatrix} 3 \\ 2 \end{pmatrix} = 3\boldsymbol{e}_1 + 2\boldsymbol{e}_2$$

$$f(\boldsymbol{e}_2) = \begin{pmatrix} 3 \cdot 0 + 4 \cdot 1 \\ 2 \cdot 0 + 1 \end{pmatrix} = \begin{pmatrix} 4 \\ 1 \end{pmatrix} = 4\boldsymbol{e}_1 + 1\boldsymbol{e}_2$$

したがって,

$$A = \begin{pmatrix} 3 & 4 \\ 2 & 1 \end{pmatrix}$$

で与えられる.

一方, 同じ 1 次変換 f に対して, 基底 $\left\{ \boldsymbol{a}_1 = \begin{pmatrix} 2 \\ 1 \end{pmatrix}, \boldsymbol{a}_2 = \begin{pmatrix} -1 \\ 1 \end{pmatrix} \right\}$ に関する行列 B は,

$$f(\boldsymbol{a}_1) = \begin{pmatrix} 3 \cdot 2 + 4 \cdot 1 \\ 2 \cdot 2 + 1 \end{pmatrix} = \begin{pmatrix} 10 \\ 5 \end{pmatrix} = 5\boldsymbol{a}_1$$

$$f(\boldsymbol{a}_2) = \begin{pmatrix} 3 \cdot (-1) + 4 \cdot 1 \\ 2 \cdot (-1) + 1 \end{pmatrix} = \begin{pmatrix} 1 \\ -1 \end{pmatrix} = -\boldsymbol{a}_2$$

であるから，

$$B = \begin{pmatrix} 5 & 0 \\ 0 & -1 \end{pmatrix}$$

と対角行列で与えられる．

固有値

一般にベクトル空間 V の 1 次変換 f に対して，

$$f(\boldsymbol{x}) = \lambda \boldsymbol{x} \quad (\boldsymbol{x} \neq \boldsymbol{o}) \tag{1}$$

となる，λ とベクトル $\boldsymbol{x}$ が存在するとき，λ を 1 次変換 f の**固有値**といい，$\boldsymbol{x}$ を固有値 λ に対する 1 次変換 f の**固有値ベクトル**という．

上の例では，

$$f(\boldsymbol{a}_1) = 5\boldsymbol{a}_1, \quad f(\boldsymbol{a}_2) = -\boldsymbol{a}_2$$

であるから，5 と -1 は 1 次変換 f の固有値である．$\boldsymbol{a}_1 = \begin{pmatrix} 2 \\ 1 \end{pmatrix}$ は固有値 5 に対する f の固有ベクトルであり，$\boldsymbol{a}_2 = \begin{pmatrix} -1 \\ 1 \end{pmatrix}$ は固有値 -1 に対する f の固有ベクトルである．

n 次正方行列 A に対して，$\boldsymbol{R}^n$ から $\boldsymbol{R}^n$ への 1 次変換 f を $f(\boldsymbol{x}) = A\boldsymbol{x}$ で定めると (1) 式は

$$A\boldsymbol{x} = \lambda \boldsymbol{x} \quad (\boldsymbol{x} \neq \boldsymbol{o}) \tag{2}$$

の形で与えられる．そこで，λ を行列 A の**固有値**といい，$\boldsymbol{x}$を固有値 λ に対する行列 A の**固有ベクトル**という．

【例 1】

$$A = \begin{pmatrix} 1 & 1 & 2 \\ 0 & 2 & 2 \\ -1 & 1 & 3 \end{pmatrix}, \ \boldsymbol{x}_1 = \begin{pmatrix} 1 \\ 1 \\ 0 \end{pmatrix}, \ \boldsymbol{x}_2 = \begin{pmatrix} 2 \\ 2 \\ 1 \end{pmatrix}, \ \boldsymbol{x}_3 = \begin{pmatrix} 1 \\ 2 \\ 3 \end{pmatrix}$$

とすると，

$$Ax_1 = \begin{pmatrix} 1 & 1 & 2 \\ 0 & 2 & 2 \\ -1 & 1 & 3 \end{pmatrix} \begin{pmatrix} 1 \\ 1 \\ 0 \end{pmatrix} = \begin{pmatrix} 2 \\ 2 \\ 0 \end{pmatrix} = 2x_1$$

$$Ax_2 = \begin{pmatrix} 1 & 1 & 2 \\ 0 & 2 & 2 \\ -1 & 1 & 3 \end{pmatrix} \begin{pmatrix} 2 \\ 2 \\ 1 \end{pmatrix} = \begin{pmatrix} 6 \\ 6 \\ 3 \end{pmatrix} = 3x_2$$

$$Ax_3 = \begin{pmatrix} 1 & 1 & 2 \\ 0 & 2 & 2 \\ -1 & 1 & 3 \end{pmatrix} \begin{pmatrix} 1 \\ 2 \\ 3 \end{pmatrix} = \begin{pmatrix} 9 \\ 10 \\ 10 \end{pmatrix}$$

したがって，$\lambda = 2, 3$ は A の固有値で，x_1 は A の固有値 2 に対する固有ベクトルであり，x_2 は A の固有値 3 に対する固有ベクトルである．しかし，x_3 は $Ax_3 = \lambda x_3$ を満たす λ がないので固有ベクトルではない．

4.1.2 固有値と固有ベクトルの計算

2 次の行列 A についてその固有値と固有ベクトルを求めてみよう．

$$A = \begin{pmatrix} a_{11} & a_{12} \\ a_{21} & a_{22} \end{pmatrix}, \quad x = \begin{pmatrix} x_1 \\ x_2 \end{pmatrix}$$

とする．行列 A の固有値 λ と固有ベクトル x が存在すれば，

$$\begin{pmatrix} a_{11} & a_{12} \\ a_{21} & a_{22} \end{pmatrix} \begin{pmatrix} x_1 \\ x_2 \end{pmatrix} = \lambda \begin{pmatrix} x_1 \\ x_2 \end{pmatrix}$$

右辺の $\lambda \begin{pmatrix} x_1 \\ x_2 \end{pmatrix}$ を左辺に移項すると

$$\begin{pmatrix} a_{11} & a_{12} \\ a_{21} & a_{22} \end{pmatrix} \begin{pmatrix} x_1 \\ x_2 \end{pmatrix} - \lambda \begin{pmatrix} 1 & 0 \\ 0 & 1 \end{pmatrix} \begin{pmatrix} x_1 \\ x_2 \end{pmatrix} = \begin{pmatrix} 0 \\ 0 \end{pmatrix}$$

$$\begin{pmatrix} a_{11} - \lambda & a_{12} \\ a_{21} & a_{22} - \lambda \end{pmatrix} \begin{pmatrix} x_1 \\ x_2 \end{pmatrix} = \begin{pmatrix} (a_{11} - \lambda)x_1 + a_{12}x_2 \\ a_{21}x_1 + (a_{22} - \lambda)x_2 \end{pmatrix} = \begin{pmatrix} 0 \\ 0 \end{pmatrix}$$

$$\begin{cases} (a_{11}-\lambda)x_1 + a_{12}x_2 = 0 \\ a_{21}x_1 + (a_{22}-\lambda)x_2 = 0 \end{cases} \tag{3}$$

上の連立 1 次方程式 (3) が $\boldsymbol{x}\neq\boldsymbol{o}$ 以外の解（非自明解）をもつ条件は，

$$\begin{vmatrix} a_{11}-\lambda & a_{12} \\ a_{21} & a_{22}-\lambda \end{vmatrix} = 0 \tag{4}$$

展開して，

$$\lambda^2 - (a_{11}+a_{22})\lambda + a_{11}a_{22} - a_{12}a_{21} = 0$$

この 2 次方程式の解を $\lambda = \lambda_1, \lambda_2$ とする．

$\lambda = \lambda_1$ を上の方程式 (3) へ代入して解くと，$\boldsymbol{x} = \boldsymbol{o}$ 以外の解 $\boldsymbol{x}_1 = \begin{pmatrix} x_1 \\ x_2 \end{pmatrix}$ は $\lambda = \lambda_1$ に対する A の固有ベクトルである．

同様に，$\lambda = \lambda_2$ として (3) 式へ代入して解くと，$\lambda = \lambda_2$ に対する A の固有ベクトル $\boldsymbol{x}_2 = \begin{pmatrix} x'_1 \\ x'_2 \end{pmatrix}$ を得る．

【例題 1】　$A = \begin{pmatrix} 3 & 4 \\ 2 & 1 \end{pmatrix}$ について，固有値とそれに対する固有ベクトルを求めよ．

(解)　(4) 式より固有値 λ を求める．

$$\begin{vmatrix} 3-\lambda & 4 \\ 2 & 1-\lambda \end{vmatrix} = \lambda^2 - 4\lambda - 5 = (\lambda-5)(\lambda+1) = 0$$

これより固有値は $\lambda = 5, -1$.

(1)　$\lambda = 5$ に対する固有ベクトルは (3) 式より，

$$\begin{cases} (3-5)x_1 + 4x_2 = 0 \\ 2x_1 + (1-5)x_2 = 0 \end{cases} \quad \text{より，} \ 2x_1 - 4x_2 = 0$$

$x_2 = c_1$ とおくと，$x_1 = 2c_1$．ゆえに，$\boldsymbol{x}_1 = c_1\begin{pmatrix} 2 \\ 1 \end{pmatrix}$　$(c_1 \neq 0)$ を得る．

(2)　$\lambda = -1$ に対する固有ベクトルは

$$\begin{cases} (3+1)x_1 + 4x_2 = 0 \\ 2x_1 + (1+1)x_2 = 0 \end{cases} \quad より，x_1 + x_2 = 0$$

$x_2 = c_2$ とおくと，$x_1 = -c_2$．ゆえに，$\boldsymbol{x}_2 = c_2 \begin{pmatrix} -1 \\ 1 \end{pmatrix}$ $(c_2 \neq 0)$ を得る．

したがって，$\lambda = 5, -1$ に対する固有ベクトルはそれぞれ，

$$\boldsymbol{x}_1 = c_1 \begin{pmatrix} 2 \\ 1 \end{pmatrix}, \quad \boldsymbol{x}_2 = c_2 \begin{pmatrix} -1 \\ 1 \end{pmatrix}$$

である． □

一般に A が n 次正方行列の場合を考えよう．A の固有値を λ，その固有ベクトルを $\boldsymbol{x}$ とすれば，

$$A\boldsymbol{x} = \lambda\boldsymbol{x} \quad (\boldsymbol{x} \neq \boldsymbol{o})$$

そこで，右辺の $\lambda\boldsymbol{x}$ を左辺に移項すると

$$(A - \lambda E)\boldsymbol{x} = \boldsymbol{o}$$

これは $\boldsymbol{x}$ に関する連立斉 1 次方程式である．先にみたように上の連立斉 1 次方程式が非自明解をもつための必要十分条件は

$$|A - \lambda E| = 0$$

である．すなわち，

$$|A - \lambda E| = \begin{vmatrix} a_{11} - \lambda & a_{12} & \cdots & a_{1n} \\ a_{22} & a_{22} - \lambda & \cdots & a_{2n} \\ \vdots & \vdots & \ddots & \vdots \\ a_{n1} & a_{n2} & \cdots & a_{nn} - \lambda \end{vmatrix} = 0$$

したがって，λ についての n 次方程式 $|A - \lambda E| = 0$ の解 $\lambda_1, \lambda_2, \cdots, \lambda_n$ が A の**固有値**で，その解 $\lambda = \lambda_k$ $(k = 1, 2, \cdots, n)$ を方程式 $(A - \lambda E)\boldsymbol{x} = \boldsymbol{o}$ へ代入して得られる解 $\boldsymbol{x} = \boldsymbol{x}_k$ が固有値 $\lambda = \lambda_k$ に対する A の**固有ベクトル**である．方程式 $|A - \lambda E| = 0$ を A の**固有方程式**，λ の n 次式 $|A - \lambda E|$ を A の**固有多項式**という．

【例題 2】 行列 $A = \begin{pmatrix} 2 & 1 & 1 \\ 1 & 2 & 1 \\ 1 & 1 & 2 \end{pmatrix}$ の固有値と固有ベクトルを求めよ．

(解)

$$|A - \lambda E| = \begin{vmatrix} 2-\lambda & 1 & 1 \\ 1 & 2-\lambda & 1 \\ 1 & 1 & 2-\lambda \end{vmatrix} = (4-\lambda)(1-\lambda)^2 = 0$$

固有値は $\lambda = 4, 1, 1$ となる．

(1) $\lambda = 4$ に対する固有ベクトルは

$$(A - 4E)\boldsymbol{x} = \begin{pmatrix} -2 & 1 & 1 \\ 1 & -2 & 1 \\ 1 & 1 & -2 \end{pmatrix} \begin{pmatrix} x_1 \\ x_2 \\ x_3 \end{pmatrix} = \boldsymbol{o} \text{ より，} \quad \begin{cases} x_1 = x_3 \\ x_2 = x_3 \end{cases}$$

ここで，$x_3 = c$ とおくと，$\lambda = 4$ に対する固有ベクトルは

$$\boldsymbol{x}_1 = c \begin{pmatrix} 1 \\ 1 \\ 1 \end{pmatrix} \quad (c \neq 0)$$

(2) $\lambda = 1$ に対する固有ベクトルは (3) 式より，

$$(A - E)\boldsymbol{x} = \begin{pmatrix} 1 & 1 & 1 \\ 1 & 1 & 1 \\ 1 & 1 & 1 \end{pmatrix} \begin{pmatrix} x_1 \\ x_2 \\ x_3 \end{pmatrix} = \boldsymbol{o} \text{ より，} \ x_1 + x_2 + x_3 = 0$$

ここで，$x_2 = c_1, x_3 = c_2$ とおくと，$x_1 = -c_1 - c_2$ となる．

ゆえに $\lambda = 1$ に対する固有ベクトルは

$$\boldsymbol{x}_2 = c_1 \begin{pmatrix} -1 \\ 1 \\ 0 \end{pmatrix} + c_2 \begin{pmatrix} -1 \\ 0 \\ 1 \end{pmatrix} \qquad (c_1 \neq 0 \text{ または } c_2 \neq 0)$$

∏

節末問題 4.1

1. $\boldsymbol{a} = \begin{pmatrix} 1 \\ 1 \\ 1 \end{pmatrix}, \boldsymbol{b} = \begin{pmatrix} -1 \\ 1 \\ 1 \end{pmatrix}, \boldsymbol{c} = \begin{pmatrix} 1 \\ -1 \\ 1 \end{pmatrix}$ のなかで $A = \begin{pmatrix} 2 & -2 & 3 \\ 1 & 1 & 1 \\ 1 & 3 & -1 \end{pmatrix}$ の固有ベクトルになっているものがあればその固有値を求めよ.

2. 次の 2 次の行列の固有値および固有ベクトルを求めよ.

(1) $\begin{pmatrix} 1 & 1 \\ -2 & 4 \end{pmatrix}$ (2) $\begin{pmatrix} 2 & 3 \\ 3 & 2 \end{pmatrix}$ (3) $\begin{pmatrix} 2 & 1 \\ 2 & 3 \end{pmatrix}$ (4) $\begin{pmatrix} 0 & 2 \\ -2 & 0 \end{pmatrix}$

3. 次の 3 次の行列の固有値および固有ベクトルを求めよ.

(1) $\begin{pmatrix} 2 & 1 & 2 \\ 1 & 2 & 2 \\ 2 & 1 & 2 \end{pmatrix}$ (2) $\begin{pmatrix} 1 & 1 & 0 \\ 1 & 0 & 1 \\ 0 & 1 & 1 \end{pmatrix}$ (3) $\begin{pmatrix} 2 & 2 & 1 \\ 1 & 3 & 1 \\ 0 & 2 & 3 \end{pmatrix}$

(4) $\begin{pmatrix} 3 & 2 & 1 \\ 2 & 3 & 1 \\ 2 & 2 & 2 \end{pmatrix}$ (5) $\begin{pmatrix} 1 & 1 & 0 \\ 0 & 1 & 1 \\ 0 & 0 & 1 \end{pmatrix}$

(答) **1**. $\boldsymbol{a}$ は $\lambda=3$ の，$\boldsymbol{b}$ は $\lambda=1$ の固有ベクトル．$\boldsymbol{c}$ は固有ベクトルでない．

2. (1) $\lambda_1=3,\ \lambda_2=2,\ \boldsymbol{x}_1=\begin{pmatrix}1\\2\end{pmatrix},\ \boldsymbol{x}_2=\begin{pmatrix}1\\1\end{pmatrix}$ (2) $\lambda_1=4,\ \lambda_2=-2,\ \boldsymbol{x}_1=\begin{pmatrix}1\\1\end{pmatrix},\ \boldsymbol{x}_2=\begin{pmatrix}-1\\1\end{pmatrix}$ (3) $\lambda_1=4,\ \lambda_2=1,\ \boldsymbol{x}_1=\begin{pmatrix}1\\2\end{pmatrix},\ \boldsymbol{x}_2=\begin{pmatrix}-1\\1\end{pmatrix}$

(4) $\lambda_1=2i,\ \lambda_2=-2i,\ \boldsymbol{x}_1=\begin{pmatrix}i\\1\end{pmatrix},\ \boldsymbol{x}_2=\begin{pmatrix}1\\-i\end{pmatrix}$

3. (1) $\lambda_1=5,\ \lambda_2=1,\ \lambda_3=0\quad \boldsymbol{x}_1=\begin{pmatrix}1\\1\\1\end{pmatrix},\ \boldsymbol{x}_2=\begin{pmatrix}1\\-3\\1\end{pmatrix},\ \boldsymbol{x}_3=\begin{pmatrix}-2\\-2\\3\end{pmatrix}$

(2) $\lambda_1=2,\ \lambda_2=1,\ \lambda_3=-1\quad \boldsymbol{x}_1=\begin{pmatrix}1\\1\\1\end{pmatrix},\ \boldsymbol{x}_2=\begin{pmatrix}-1\\0\\1\end{pmatrix},\ \boldsymbol{x}_3=\begin{pmatrix}1\\-2\\1\end{pmatrix}$

(3) $\lambda_1=5,\ \lambda_2=2,\ \lambda_3=1,\ \boldsymbol{x}_1=\begin{pmatrix}1\\1\\1\end{pmatrix},\ \boldsymbol{x}_2=\begin{pmatrix}-1\\-1\\2\end{pmatrix},\ \boldsymbol{x}_3=\begin{pmatrix}1\\-1\\1\end{pmatrix}$

(4) $\lambda_1=6,\ \lambda_2=1,\ \lambda_3=1,\ \boldsymbol{x}_1=\begin{pmatrix}1\\1\\1\end{pmatrix},\ \boldsymbol{x}_2=\begin{pmatrix}-1\\1\\0\end{pmatrix},\ \boldsymbol{x}_3=\begin{pmatrix}-1\\0\\2\end{pmatrix}$

(5) $\lambda_1=1,\ \lambda_2=1,\ \lambda_3=1,\ \boldsymbol{x}_1=\begin{pmatrix}1\\0\\0\end{pmatrix}$

4.2 固有ベクトル

4.2.1 固有ベクトルの1次独立性

【例2】 行列 $A=\begin{pmatrix}2&2&2\\1&3&2\\0&1&3\end{pmatrix}$ の固有値は $\lambda=1,2,5$ でその固有ベクトルはそれぞれ，$\boldsymbol{a}_1=\begin{pmatrix}2\\-2\\1\end{pmatrix}$，$\boldsymbol{a}_2=\begin{pmatrix}-1\\-1\\1\end{pmatrix}$，$\boldsymbol{a}_3=\begin{pmatrix}2\\2\\1\end{pmatrix}$ である．このとき，

$$\det(\boldsymbol{a}_1,\ \boldsymbol{a}_2,\ \boldsymbol{a}_3)=\begin{vmatrix}2&-1&2\\-2&-1&2\\1&1&1\end{vmatrix}=-12\neq 0$$

より，$\{\boldsymbol{a}_1,\ \boldsymbol{a}_2,\ \boldsymbol{a}_3\}$ は1次独立である．

したがって，3章定理6より $\{\boldsymbol{a}_1,\ \boldsymbol{a}_2,\ \boldsymbol{a}_3\}$ を $\boldsymbol{R}^3$ の基底として扱うことができる．

次の定理に示すように，n 次正方行列 A の相異なる固有値に対する固有ベクトルは1次独立である．すなわち，

> **定理1**　n 次正方行列 A の相異なる r 個の固有値 $\lambda_1,\ \lambda_2,\ \cdots,\ \lambda_r$ の固有ベクトル $\boldsymbol{a}_1,\ \boldsymbol{a}_2,\ \cdots,\ \boldsymbol{a}_r$ は1次独立である．

証明　このことは，r に関する数学的帰納法を用いて証明される．

(1) $r=1$ のとき，A の固有値 λ_1 に対する固有ベクトルを $\boldsymbol{a}_1\,(\neq\boldsymbol{o})$ とする．

$$c_1\boldsymbol{a}_1=\boldsymbol{o}$$

とするとき，もしも $c_1\neq0$ ならば，上の式の両辺に $\dfrac{1}{c_1}$ を掛けると，

$$\boldsymbol{a}_1=\frac{1}{c_1}\boldsymbol{o}=\boldsymbol{o}$$

となって $\boldsymbol{a}_1\,(\neq\boldsymbol{o})$ に矛盾.

したがって，$\boldsymbol{a}_1$ は1次独立である.

(2) 次に $\boldsymbol{a}_1$, $\boldsymbol{a}_2$, $\cdots$, $\boldsymbol{a}_{k-1}$ が1次独立であることを仮定して，$\boldsymbol{a}_1$, $\boldsymbol{a}_2$, $\cdots$, $\boldsymbol{a}_k$ が1次独立になることを示そう.

もしも，$\boldsymbol{a}_1$, $\boldsymbol{a}_2$, $\cdots$, $\boldsymbol{a}_k$ が1次従属であれば，$\boldsymbol{a}_1$, $\boldsymbol{a}_2$, $\cdots$, $\boldsymbol{a}_{k-1}$ が1次独立であることから，$\boldsymbol{a}_k$ は，$\boldsymbol{a}_1$, $\boldsymbol{a}_2$, $\cdots$, $\boldsymbol{a}_{k-1}$ の1次結合で表される．すなわち，

$$\boldsymbol{a}_k = c_1\boldsymbol{a}_1 + c_2\boldsymbol{a}_2 + c_3\boldsymbol{a}_3 + \cdots + c_{k-1}\boldsymbol{a}_{k-1} \tag{1}$$

そこで，(1) 式に A を掛けると，$A\boldsymbol{a}_i = \lambda_i\boldsymbol{a}_i\,(i=i,\ 2,\ \cdots,\ k)$ より，

$$A\boldsymbol{a}_k = c_1A\boldsymbol{a}_1 + c_2A\boldsymbol{a}_2 + c_3A\boldsymbol{a}_3 + \cdots + c_{k-1}A\boldsymbol{a}_{k-1}$$

$$\lambda_k\boldsymbol{a}_k = c_1\lambda_1\boldsymbol{a}_1 + c_2\lambda_2\boldsymbol{a}_2 + c_3\lambda_3\boldsymbol{a}_3 + \cdots + c_{k-1}\lambda_{k-1}\boldsymbol{a}_{k-1} \tag{2}$$

また，(1) 式に λ_k を掛けると，

$$\lambda_k\boldsymbol{a}_k = c_1\lambda_k\boldsymbol{a}_1 + c_2\lambda_k\boldsymbol{a}_2 + c_3\lambda_k\boldsymbol{a}_3 + \cdots + c_{k-1}\lambda_k\boldsymbol{a}_{k-1} \tag{3}$$

(2) 式と (3) 式の差をとると，

$$c_1(\lambda_1-\lambda_k)\boldsymbol{a}_1 + c_2(\lambda_2-\lambda_k)\boldsymbol{a}_2 + \cdots + c_{k-1}(\lambda_{k-1}-\lambda_k)\boldsymbol{a}_{k-1} = \boldsymbol{o}$$

$\boldsymbol{a}_1$, $\boldsymbol{a}_2$, $\cdots$, $\boldsymbol{a}_{k-1}$ が1次独立であることと固有値が相異なることから，$c_1 = c_2 = c_3 = \cdots = c_{k-1} = 0$ となる．すなわち，$\boldsymbol{a}_k = \boldsymbol{o}$ となって，$\boldsymbol{a}_k$ が固有ベクトルであることに矛盾.

ゆえに，$\boldsymbol{a}_1$, $\boldsymbol{a}_2$, $\cdots$, $\boldsymbol{a}_k$ は1次独立である. ■

上の結果から，n 次正方行列 A が相異なる n 個の固有値 λ_1, λ_2, $\cdots$, λ_n をもてば，その固有ベクトル $\boldsymbol{a}_1$, $\boldsymbol{a}_2$, $\cdots$, $\boldsymbol{a}_n$ は1次独立である．したがって $\boldsymbol{R}^n$ の一組の基底として，固有ベクトルの集合 $\{\boldsymbol{a}_1,\ \boldsymbol{a}_2,\ \cdots,\ \boldsymbol{a}_n\}$ を考えることができる.

それでは，固有値が重解の場合はどうであろうか．固有方程式が重解をもつ場合の例を考えよう．

【例題 3】

$$A = \begin{pmatrix} 2 & 2 & 3 \\ 1 & 3 & 3 \\ 2 & 4 & 7 \end{pmatrix}$$

の固有値，固有ベクトルを求めよ．

(解)　まず固有値を求めると，

$$|A - \lambda E| = \begin{vmatrix} 2-\lambda & 2 & 3 \\ 1 & 3-\lambda & 3 \\ 2 & 4 & 7-\lambda \end{vmatrix} = (10-\lambda)(1-\lambda)^2 = 0$$

より，$\lambda = 10,\ 1$（重解）である．重解 $\lambda = 1$ の固有ベクトルを求めてみよう．

$$\begin{pmatrix} 2-1 & 2 & 3 \\ 1 & 3-1 & 3 \\ 2 & 4 & 7-1 \end{pmatrix} \begin{pmatrix} x \\ y \\ z \end{pmatrix} = \begin{pmatrix} 0 \\ 0 \\ 0 \end{pmatrix} \text{ より，} x + 2y + 3z = 0$$

$y = \alpha,\ z = \beta$ とおくと，$x = -2\alpha - 3\beta$ より，$\begin{pmatrix} x \\ y \\ z \end{pmatrix} = \alpha \begin{pmatrix} -2 \\ 1 \\ 0 \end{pmatrix} + \beta \begin{pmatrix} -3 \\ 0 \\ 1 \end{pmatrix}$

重解 $\lambda = 1$ に対する 2 個の固有ベクトル，$\boldsymbol{a}_1 = \begin{pmatrix} -2 \\ 1 \\ 0 \end{pmatrix}$，$\boldsymbol{a}_2 = \begin{pmatrix} -3 \\ 0 \\ 1 \end{pmatrix}$ は 1 次独立である．

次に固有値 $\lambda = 10$ に対する固有ベクトルを求めると，

$$(A - 10E)\boldsymbol{x} = \boldsymbol{o} \text{ より，} \boldsymbol{a}_3 = \begin{pmatrix} 1 \\ 1 \\ 2 \end{pmatrix}$$

このとき，$\boldsymbol{a}_1 = \begin{pmatrix} -2 \\ 1 \\ 0 \end{pmatrix}$，$\boldsymbol{a}_2 = \begin{pmatrix} -3 \\ 0 \\ 1 \end{pmatrix}$，$\boldsymbol{a}_3 = \begin{pmatrix} 1 \\ 1 \\ 2 \end{pmatrix}$ は1次独立であるから，$\boldsymbol{R}^3$ の一組の基底である． □

上の例では，固有値の重複度数と1次独立な固有ベクトルの個数が一致したが，そうでない例もあげておこう．

【例題 4】 $A = \begin{pmatrix} 0 & 1 & 0 \\ 0 & 1 & 0 \\ 1 & 0 & 0 \end{pmatrix}$ の固有値，固有ベクトルを求めよ．

(解) まず固有値を求めると，

$$|A - \lambda E| = \begin{vmatrix} 0-\lambda & 1 & 0 \\ 0 & 1-\lambda & 0 \\ 1 & 0 & 0-\lambda \end{vmatrix} = (1-\lambda)(-\lambda)^2 = 0$$

より，$\lambda = 1,\ 0$（重解）である．重解 $\lambda = 0$ の固有ベクトルを求めてみよう．

$$\begin{pmatrix} 0 & 1 & 0 \\ 0 & 1 & 0 \\ 1 & 0 & 0 \end{pmatrix} \begin{pmatrix} x \\ y \\ z \end{pmatrix} = \begin{pmatrix} 0 \\ 0 \\ 0 \end{pmatrix} \text{ より，} \begin{cases} x = 0 \\ y = 0 \end{cases}$$

$z = \alpha$ とおいて，$\boldsymbol{a}_1 = \alpha \begin{pmatrix} 0 \\ 0 \\ 1 \end{pmatrix}$

重解 $\lambda = 0$ に対して1次独立なベクトルはただ1つである．

この場合，残りの固有値 $\lambda = 1$ に対する固有ベクトルは

$$\begin{pmatrix} -1 & 1 & 0 \\ 0 & -1 & 0 \\ 1 & 0 & -1 \end{pmatrix} \begin{pmatrix} x \\ y \\ z \end{pmatrix} = \begin{pmatrix} 0 \\ 0 \\ 0 \end{pmatrix} \text{ より，} \begin{cases} -x + y = 0 \\ x - z = 0 \end{cases}$$

ここで，$x=\beta$ とおいて，$\boldsymbol{a}_2=\beta\begin{pmatrix}1\\1\\1\end{pmatrix}$.

この場合は A の1次独立な固有ベクトルは

$$\boldsymbol{a}_1=\begin{pmatrix}0\\0\\1\end{pmatrix},\qquad \boldsymbol{a}_2=\begin{pmatrix}1\\1\\1\end{pmatrix}$$

の2個であるから，A の固有ベクトルで $\boldsymbol{R}^3$ の基底を構成することはできない.

□

一般に，行列 A の異なる r 個の固有値 λ_1，λ_2，λ_3，$\cdots$，λ_r が m_1，m_2，m_3，$\cdots$，m_r $(m_1+m_2+m_3+\cdots+m_r=n)$ 重解である場合でも，それぞれが，1次独立な m_1，m_2，m_3，$\cdots$，m_r 個の固有ベクトルをもつならば，それらの固有ベクトルは全体として，$\boldsymbol{R}^n$ の基底を構成する.

4.2.2 実対称行列の固有ベクトル

【例3】 実対称行列

$$A=\begin{pmatrix}2&2&-2\\2&6&-2\\-2&-2&2\end{pmatrix}$$

の固有値は $\lambda=8,\ 2,\ 0$ で，その固有値の固有ベクトルは順に，

$$\boldsymbol{a}_1=\begin{pmatrix}-1\\-2\\1\end{pmatrix},\quad \boldsymbol{a}_2=\begin{pmatrix}-1\\1\\1\end{pmatrix},\quad \boldsymbol{a}_3=\begin{pmatrix}1\\0\\1\end{pmatrix}$$

である．内積を計算すると，

$$\boldsymbol{a}_1\cdot\boldsymbol{a}_2=0,\quad \boldsymbol{a}_2\cdot\boldsymbol{a}_3=0,\quad \boldsymbol{a}_3\cdot\boldsymbol{a}_1=0$$

となって，いずれも直交している.

一般に次の定理が成り立つ.

定理 2 実対称行列の異なる固有値に対する固有ベクトルは直交する．

証明 実対称行列 A の異なる固有値を λ_1，λ_2．その固有ベクトルを $\boldsymbol{x}_1$，$\boldsymbol{x}_2$ とする．

まず，$\boldsymbol{x}_1$ は λ_1 の固有ベクトルであるから，

$$A\boldsymbol{x}_1 = \lambda_1 \boldsymbol{x}_1$$

両辺を転置すると，${}^tA = A$ であるから，

$${}^t\boldsymbol{x}_1 A = \lambda_1 {}^t\boldsymbol{x}_1$$

ここで，右側から，$\boldsymbol{x}_2$ を掛けると，$A\boldsymbol{x}_2 = \lambda_2 \boldsymbol{x}_2$ より，

$${}^t\boldsymbol{x}_1 \lambda_2 \boldsymbol{x}_2 = \lambda_1 {}^t\boldsymbol{x}_1 \boldsymbol{x}_2$$

すなわち，

$$\lambda_2 {}^t\boldsymbol{x}_1 \boldsymbol{x}_2 = \lambda_1 {}^t\boldsymbol{x}_1 \boldsymbol{x}_2$$

したがって，

$$(\lambda_2 - \lambda_1)\, {}^t\boldsymbol{x}_1 \boldsymbol{x}_2 = 0$$

となるが，$\lambda_1 \neq \lambda_2$ より，

$${}^t\boldsymbol{x}_1 \boldsymbol{x}_2 = \boldsymbol{x}_1 \cdot \boldsymbol{x}_2 = 0$$

よって，$\boldsymbol{x}_1$ と $\boldsymbol{x}_2$ は直交する． ∎

この結果から，n 次の実対称行列が n 個の異なる固有値 λ_1，λ_2，$\cdots$，λ_n をもつ場合，それに対応する固有単位ベクトル $\boldsymbol{n}_1$，$\boldsymbol{n}_2$，$\boldsymbol{n}_3$，$\cdots$，$\boldsymbol{n}_n$ は $\boldsymbol{R}^n$ の一組の正規直交基底になっていることがわかる．

定理の証明からもわかるように，A が実対称行列であることが重要である．次の例をみよう．

【例題 5】$A = \begin{pmatrix} 2 & 1 & 3 \\ 0 & 3 & 3 \\ 4 & 1 & 1 \end{pmatrix}$ 固有値，固有ベクトルを求めて直交性をみてみよう．

(解) 固有値を求めると，

$$|A - \lambda E| = \begin{vmatrix} 2-\lambda & 1 & 3 \\ 0 & 3-\lambda & 3 \\ 4 & 1 & 1-\lambda \end{vmatrix} = -(6-\lambda)(2-\lambda)(2+\lambda) = 0$$

より，$\lambda = 6,\ 2,\ -2.$

このとき，$\lambda = 6$ に対する固有ベクトルは $(A - 6E)\,\boldsymbol{x}_1 = \boldsymbol{o}$ より，

$$\begin{cases} (2-6)x + y + 3z = 0 \\ 0x + (3-6)y + 3z = 0 \\ 4x + y + (1-6)z = 0 \end{cases} \quad \text{を解いて，} \quad \boldsymbol{x}_1 = \begin{pmatrix} 1 \\ 1 \\ 1 \end{pmatrix}$$

同様にして，$\lambda = 2$ に対する固有ベクトルは $(A - 2E)\,\boldsymbol{x}_2 = \boldsymbol{o}$ より，$\boldsymbol{x}_2 = \begin{pmatrix} 1 \\ -3 \\ 1 \end{pmatrix}$. $\lambda = -2$ に対する固有ベクトルは $(A + 2E)\,\boldsymbol{x}_3 = \boldsymbol{o}$ より，$\boldsymbol{x}_3 = \begin{pmatrix} 3 \\ 3 \\ -5 \end{pmatrix}$ を得る．内積を計算してみると，

$$\boldsymbol{x}_1 \cdot \boldsymbol{x}_2 = -1, \quad \boldsymbol{x}_2 \cdot \boldsymbol{x}_3 = -11\ , \quad \boldsymbol{x}_3 \cdot \boldsymbol{x}_1 = -1$$

となって，いずれの 2 つのベクトルも直交してはいない． □

節末問題 4.2

1. Aの異なる固有値λ_1, λ_2がそれぞれ, l, m個の1次独立なベクトル$\boldsymbol{x}_1$, $\boldsymbol{x}_2$, $\cdots$, $\boldsymbol{x}_l$, $\boldsymbol{y}_1$, $\boldsymbol{y}_2$, $\cdots$, $\boldsymbol{y}_m$をもつとき, $\{\boldsymbol{x}_1, \boldsymbol{x}_2, \cdots, \boldsymbol{x}_l, \boldsymbol{y}_1, \boldsymbol{y}_2, \cdots, \boldsymbol{y}_m\}$は1次独立であることを示しなさい.

2. 次の行列の固有ベクトルの一次独立な最大個数を求めよ.

(1) $\begin{pmatrix} 2 & 2 & 1 \\ 1 & 3 & 1 \\ 0 & 2 & 3 \end{pmatrix}$ (2) $\begin{pmatrix} 2 & 1 & 2 \\ 1 & 2 & 2 \\ 2 & 2 & 5 \end{pmatrix}$ (3) $\begin{pmatrix} 0 & 1 & 1 \\ 0 & 1 & 1 \\ 0 & 0 & 1 \end{pmatrix}$ (4) $\begin{pmatrix} -1 & 1 & 0 \\ 0 & -1 & 1 \\ 0 & 0 & -1 \end{pmatrix}$

3. 次の実対称行列の固有値および, 固有ベクトルをもとめ, 定理2が成立していることを確かめよ.

(1) $\begin{pmatrix} 2 & 1 & 0 \\ 1 & 2 & 0 \\ 0 & 0 & 2 \end{pmatrix}$ (2) $\begin{pmatrix} 0 & 2 & -2 \\ 2 & 4 & -2 \\ -2 & -2 & 0 \end{pmatrix}$ (3) $\begin{pmatrix} 2 & 1 & 1 \\ 1 & 2 & 1 \\ 1 & 1 & 2 \end{pmatrix}$

(答) **1**. $W_1=\{p_1\boldsymbol{x}_1+p_2\boldsymbol{x}_2+\cdots+p_l\boldsymbol{x}_l\,|p_i\in R(i=1,\ 2,\ \cdots,\ l)\}$,
$W_2=\{q_1\boldsymbol{y}_1+q_2\boldsymbol{y}_2+\cdots+q_m\boldsymbol{y}_m\,|q_i\in\boldsymbol{R}(i=1,\ 2,\ \cdots,\ m)\}$ とする.
$\boldsymbol{x}\in W_1\cap W_2$ ならば，$\boldsymbol{x}\in W_1\Rightarrow A\boldsymbol{x}=\lambda_1\boldsymbol{x}$, $\boldsymbol{x}\in W_2\Rightarrow A\boldsymbol{x}=\lambda_2\boldsymbol{x}$ より，
$\lambda_1\boldsymbol{x}=\lambda_2\boldsymbol{x}\Rightarrow(\lambda_1-\lambda_2)\boldsymbol{x}=\boldsymbol{o}$ $(\lambda_1\neq\lambda_2)$.
したがって，$\boldsymbol{x}=\boldsymbol{o}$.
さて，$p_1\boldsymbol{x}_1+p_2\boldsymbol{x}_2+\cdots+p_l\boldsymbol{x}_l+q_1\boldsymbol{y}_1+q_2\boldsymbol{y}_2+\cdots+q_m\boldsymbol{y}_m=\boldsymbol{o}$
$\Rightarrow p_1\boldsymbol{x}_1+p_2\boldsymbol{x}_2+\cdots+p_l\boldsymbol{x}_l=(-q_1)\boldsymbol{y}_1+(-q_2)\boldsymbol{y}_2+\cdots+(-q_m)\boldsymbol{y}_m\in W_1\cap W_2$.
よって，$p_1\boldsymbol{x}_1+p_2\boldsymbol{x}_2+\cdots+p_l\boldsymbol{x}_l=(-q_1)\boldsymbol{y}_1+(-q_2)\boldsymbol{y}_2+\cdots+(-q_m)\boldsymbol{y}_m=\boldsymbol{o}$.
$\{\boldsymbol{y}_1,\ \boldsymbol{y}_2,\ \cdots,\ \boldsymbol{y}_l\}$, $\{\boldsymbol{y}_1,\ \boldsymbol{y}_2,\ \cdots,\ \boldsymbol{y}_m\}$ がおのおの1次独立であることから，
$p_i=0\ (i=1,\ 2,\ \cdots,\ l)$, $q_j=0\ (j=1,\ 2,\ \cdots,\ m)$.
よって，$\{\boldsymbol{x}_1,\ \boldsymbol{x}_2,\ \cdots,\ \boldsymbol{x}_l,\ \boldsymbol{y}_1,\ \boldsymbol{y}_2,\ \cdots,\ \boldsymbol{y}_m\}$ は1次独立である.

2. (1) $\lambda=5,2,1$, $\boldsymbol{a}_1={}^t(1\ 1\ 1)$, $\boldsymbol{a}_2={}^t(-1\ -1\ 2)$, $\boldsymbol{a}_3={}^t(1\ -1\ 1)$,
$\det(\boldsymbol{a}_1\ \boldsymbol{a}_2\ \boldsymbol{a}_3)=6\neq0$. 1次独立なベクトルの最大個数は 3.
(2) $\lambda=7,\ 1,\ 1$. $\boldsymbol{a}_1={}^t(1\ 1\ 2)$, $\boldsymbol{a}_2={}^t(-1\ 1\ 0)$, $\boldsymbol{a}_3={}^t(-2\ 0\ 1)$
$\det(\boldsymbol{a}_1\ \boldsymbol{a}_2\ \boldsymbol{a}_3)=6\neq0$. 1次独立なベクトルの最大個数は 3.
(3) $\lambda=1,\ 1,\ 0$, $\boldsymbol{a}_1={}^t(1\ 1\ 0)$, $\boldsymbol{a}_2={}^t(1\ 0\ 0)$, $\mathrm{rank}(\boldsymbol{a}_1\boldsymbol{a}_2)=2$.
1次独立なベクトルの最大個数は 2.
(4) $\lambda=-1,\ -1,\ -1$. $\boldsymbol{a}_1={}^t(1\quad0\quad0)$. 1次独立なベクトルの最大個数は 1.

3. 固有値と固有ベクトルを求めると，
(1) $\lambda=3,\ 2,\ 1$, $\boldsymbol{a}_1={}^t(1\quad1\quad0)$, $\boldsymbol{a}_2={}^t(0\quad0\quad1)$, $\boldsymbol{a}_3={}^t(-1\quad1\quad0)$.
(2) $\lambda=6,\ 0,\ -2$, $\boldsymbol{a}_1={}^t(-1\quad-2\quad1)$, $\boldsymbol{a}_2=(-1\quad1\quad1)$, $\boldsymbol{a}_3={}^t(1\quad0\quad1)$.
となって，いずれの場合も2つのベクトルの内積は0である.
(3) $\lambda=4,\ 1,\ 1$. $\boldsymbol{a}_1={}^t(1\quad1\quad1)$, $\boldsymbol{a}_2={}^t(-1\quad1\quad0)$, $\boldsymbol{a}_3={}^t(-1\quad0\quad1)$,
このとき，$\boldsymbol{a}_1\cdot\boldsymbol{a}_2=\boldsymbol{a}_1\cdot\boldsymbol{a}_3=0$.

4.3 行列の対角化 (I)

4.3.1 正則行列による対角化

数ベクトル空間 $\boldsymbol{R}^3$ の 1 次変換 $f : \boldsymbol{R}^3 \to \boldsymbol{R}^3$ の自然基底

$$E_0 = \left\{ \boldsymbol{e}_1 = \begin{pmatrix} 1 \\ 0 \\ 0 \end{pmatrix}, \boldsymbol{e}_2 = \begin{pmatrix} 0 \\ 1 \\ 0 \end{pmatrix}, \boldsymbol{e}_3 = \begin{pmatrix} 0 \\ 0 \\ 1 \end{pmatrix} \right\}$$

に関する行列 A は

$$f(\boldsymbol{e}_1) = a_{11}\boldsymbol{e}_1 + a_{21}\boldsymbol{e}_2 + a_{31}\boldsymbol{e}_3$$

$$f(\boldsymbol{e}_2) = a_{12}\boldsymbol{e}_1 + a_{22}\boldsymbol{e}_2 + a_{32}\boldsymbol{e}_3$$

$$f(\boldsymbol{e}_3) = a_{13}\boldsymbol{e}_1 + a_{23}\boldsymbol{e}_2 + a_{33}\boldsymbol{e}_3$$

と表されるとき,

$$A = \begin{pmatrix} a_{11} & a_{12} & a_{13} \\ a_{21} & a_{22} & a_{23} \\ a_{31} & a_{32} & a_{33} \end{pmatrix}$$

で与えられる.

いま, 行列 A が異なる 3 つの固有値 $\lambda_1, \lambda_2, \lambda_3$ をもつとしよう. $\lambda_1, \lambda_2, \lambda_3$ の固有ベクトル $\boldsymbol{a}_1, \boldsymbol{a}_2, \boldsymbol{a}_3$ は $\boldsymbol{R}$ の一組の基底である. このとき,

$$f(\boldsymbol{a}_1) = \lambda_1\boldsymbol{a}_1 + 0\boldsymbol{a}_2 + 0\boldsymbol{a}_3$$

$$f(\boldsymbol{a}_2) = 0\boldsymbol{a}_1 + \lambda_1\boldsymbol{a}_2 + 0\boldsymbol{a}_3$$

$$f(\boldsymbol{a}_1) = 0\boldsymbol{a}_1 + 0\boldsymbol{a}_2 + \lambda_1\boldsymbol{a}_3$$

によって, 基底 $E = \{\boldsymbol{a}_1, \boldsymbol{a}_2, \boldsymbol{a}_3\}$ に関する f の行列 A' は

$$A' = \begin{pmatrix} \lambda_1 & 0 & 0 \\ 0 & \lambda_2 & 0 \\ 0 & 0 & \lambda_3 \end{pmatrix}$$

で与えられる．すでに第3章でみたように，基底変換 $E_0 \to E$ を表す (第3章) 行列 P は

$$P = (\,\boldsymbol{a}_1 \quad \boldsymbol{a}_2 \quad \boldsymbol{a}_3\,)$$

したがって，A' は A と P を用いて，

$$A' = P^{-1}AP$$

で与えられる．

一般に，n 次正方行列 A が n 個の異なる固有値 $\lambda_1, \lambda_2, \cdots, \lambda_n$ をもつ場合，その固有ベクトル $\boldsymbol{a}_1, \boldsymbol{a}_2, \cdots, \boldsymbol{a}_n$ は，$\boldsymbol{R}^n$ の一組の基底として考えることができる．このとき，$E = \{\boldsymbol{a}_1, \boldsymbol{a}_2, \cdots, \boldsymbol{a}_n\}$ に関する1次変換 $\boldsymbol{f}(\boldsymbol{x}) = A\boldsymbol{x}$ の行列 A' は $P = (\,\boldsymbol{a}_1 \quad \boldsymbol{a}_2 \quad \cdots \quad \boldsymbol{a}_n\,)$ として，$A' = P^{-1}AP$ で与えられ，

$$A' = P^{-1}AP = \begin{pmatrix} \lambda_1 & 0 & \cdots & 0 \\ 0 & \lambda_2 & \cdots & 0 \\ \vdots & \vdots & \ddots & \vdots \\ 0 & 0 & \cdots & \lambda_n \end{pmatrix}$$

である．このように，与えられた行列を適当な正則行列を選んで対角行列の形に表すことを**行列の対角化**という．まとめて定理の形に述べておこう．

定理3　n 次正方行列 A が n 個の異なる固有値 $\lambda_1, \lambda_2, \cdots, \lambda_n$ をもつならば，A は適当な正則行列 P によって，

$$P^{-1}AP = \begin{pmatrix} \lambda_1 & 0 & \cdots & 0 \\ 0 & \lambda_2 & \cdots & 0 \\ \vdots & \vdots & \ddots & \vdots \\ 0 & 0 & \cdots & \lambda_n \end{pmatrix}$$

と対角化できる．

【例題 6】 $A = \begin{pmatrix} 3 & 2 & 2 \\ 2 & 3 & 2 \\ 2 & 3 & 2 \end{pmatrix}$ を対角化せよ．

(解) まず A の固有値を求める．

$$|A - \lambda E| = \begin{vmatrix} 3-\lambda & 2 & 2 \\ 2 & 3-\lambda & 2 \\ 2 & 3 & 2-\lambda \end{vmatrix} = -\lambda(1-\lambda)(7-\lambda) = 0$$

より，$\lambda = 7, 1, 0$.

A は異なる固有値をもつから，適当な正則行列 P を選んで対角化できる．すなわち，

$$A' = P^{-1}AP = \begin{pmatrix} 7 & 0 & 0 \\ 0 & 1 & 0 \\ 0 & 0 & 0 \end{pmatrix}$$

次に正則行列 P を求めよう．

$\lambda_1 = 7$ の固有ベクトル $\boldsymbol{a}_1$ は方程式 $(A - \lambda_1 E)\,\boldsymbol{a}_1 = \boldsymbol{o}$ を解いて得られる．すなわち，

$$\begin{cases} (3-7)x + 2y + 2z = 0 \\ 2x + (3-7)y + 2z = 0 \\ 2x + 3y + (2-7)z = 0 \end{cases} \text{より，} \begin{cases} x - z = 0 \\ y - z = 0 \end{cases}$$

ここで，$z = 1$ とおいて，$\boldsymbol{a}_1 = \begin{pmatrix} 1 \\ 1 \\ 1 \end{pmatrix}$

同様に，$\lambda_2 = 1$，$\lambda_3 = 0$ の固有ベクトル $\boldsymbol{a}_2$，$\boldsymbol{a}_3$ はそれぞれ，方程式 $(A - \lambda_2 E)\,\boldsymbol{a}_2 = \boldsymbol{o}$ および $(A - \lambda_3 E)\,\boldsymbol{a}_3 = \boldsymbol{o}$ を解いて，

$$\boldsymbol{a}_2 = \begin{pmatrix} -2 \\ 1 \\ 1 \end{pmatrix}, \qquad \boldsymbol{a}_3 = \begin{pmatrix} -2 \\ -2 \\ 5 \end{pmatrix}$$

したがって，

$$P = (\,\boldsymbol{a}_1 \quad \boldsymbol{a}_2 \quad \boldsymbol{a}_3\,) = \begin{pmatrix} 1 & -2 & -2 \\ 1 & 1 & -2 \\ 1 & 1 & 5 \end{pmatrix}$$

4.3.2 正則行列による対角化 (II)

同値な行列

数ベクトル空間 $\boldsymbol{R}^2$ の一次変換 $f : \boldsymbol{R}^2 \to \boldsymbol{R}^2$ の基底 $E_1 = \{\boldsymbol{a}_1, \boldsymbol{a}_2\}, E_2 = \{\boldsymbol{b}_1, \boldsymbol{b}_2\}$ に関する表現行列をそれぞれ A, B とし，基底変換 $E_1 \to E_2$ を表す行列を P とすると，$B = P^{-1}AP$ と表される．このように行列 A, B が，適当な正則行列 P を用いて，$B = P^{-1}AP$ と表されるとき，行列 A, B は同値であるという．

定理 4 行列 A, B が同値であれば，A, B の固有多項式，固有値は一致する．

証明 A, B が同値であれば，適当な正則行列 P を用いて，$B = P^{-1}AP$ と表される．このとき，

$$|B - \lambda E| = \left|P^{-1}AP - \lambda E\right| = \left|P^{-1}(A - \lambda E)P\right|$$
$$= \left|P^{-1}\right| |A - \lambda E| \, |P| = |A - \lambda E|$$

したがって，A, B の固有多項式が一致する．固有値が一致することは明らかである． ∎

同値な行列という見方をすれば，行列の対角化とは，一番単純な形の同値な行列として対角行列をみつけることができるのかという問題である．すでに，行列の固有値が異なる場合には，正則行列によって，行列を対角化することができることをみた．それでは，一般に固有値が重解の場合はどうなるのであろうか．次にそれを示そう．

定理 5 行列 A が異なる r 個の固有値 $\lambda_1, \lambda_2, \lambda_3, \cdots, \lambda_r$ を $m_1, m_2, m_3, \cdots, m_r$ 重解としてもつとき，適当な正則行列 P を選んで対角化できるための必要十分条件はそれぞれの固有値が 1 次独立な $m_1, m_2, m_3, \cdots, m_r$ 個の固有ベクトルをもつことである．

証明

(1) (十分であること)

行列 A が異なる r 個の固有値 $\lambda_1, \lambda_2, \lambda_3, \cdots, \lambda_r$ を $m_1, m_2, m_3, \cdots, m_r$ 重解としてもつ場合，それぞれが 1 次独立な $m_1, m_2, m_3, \cdots, m_r$ 個の固有ベクトルをもつならば，それらの固有ベクトルは全体として，$\boldsymbol{R}^n$ の基底を構成している．この基底

$$E = \{\boldsymbol{a}_1, \boldsymbol{a}_2, \cdots, \boldsymbol{a}_{m_1}, \boldsymbol{b}_1, \boldsymbol{b}_2, \cdots, \boldsymbol{c}_{m_r}\}$$

に関する 1 次変換 $f : \boldsymbol{x} \to A\boldsymbol{x}$ の行列 A' が求める対角行列である．すなわち，

$$P = (\boldsymbol{a}_1 \boldsymbol{a}_2 \boldsymbol{a}_3 \cdots \boldsymbol{a}_{m_1} \boldsymbol{b}_1 \boldsymbol{b}_2 \cdots \boldsymbol{c}_{m_r})$$

とすると，

$$A' = P^{-1}AP = \begin{pmatrix} \lambda_1 & & & & & & & \\ & \ddots & & & & & & O \\ & & \lambda_1 & & & & & \\ & & & \lambda_2 & & & & \\ & & & & \ddots & & & \\ & & & & & \lambda_2 & & \\ & & & & & & \ddots & \\ & O & & & & & & \lambda_r \end{pmatrix}$$

(2) (必要であること)

A が対角化可能であれば，適当な基底 $E = \{\boldsymbol{x}_1, \boldsymbol{x}_2, \cdots, \boldsymbol{x}_n\}$ に対する線形変換 $f : \boldsymbol{x} \to A\boldsymbol{x}$ の行列 A'' は $Q = (\boldsymbol{x}_1 \boldsymbol{x}_2 \cdots \boldsymbol{x}_n)$ として，

$$A'' = Q^{-1}AQ = \begin{pmatrix} \mu_1 & 0 & \cdots & 0 \\ 0 & \mu_2 & \cdots & 0 \\ \vdots & \vdots & \ddots & \vdots \\ 0 & 0 & \cdots & \mu_n \end{pmatrix}$$

と表される．このとき，A と A'' は同値であるから，$\mu_1, \mu_2, \cdots, \mu_n$ は A の固有値を並べかえたものである．したがって，Q の列を適当に並べかえることによって，$A'' = A'$ とすることができる．このとき，$\boldsymbol{x}_1, \boldsymbol{x}_2, \cdots, \boldsymbol{x}_{m_1}$ は λ_1 の固有ベクトルであり，以下もそれぞれ $\lambda_2, \cdots, \lambda_r$ の m_2 個，$\cdots$，m_r 個の固有ベクトルある． ■

【例題 7】 次の行列について正則行列による対角化が可能か否かを判定し，対角化可能なものについては正則行列を適当に選んで対角化せよ．

$$A = \begin{pmatrix} 2 & 1 & 0 \\ 0 & 1 & 1 \\ 0 & 0 & 1 \end{pmatrix}, \qquad B = \begin{pmatrix} 3 & 2 & 3 \\ 2 & 3 & 3 \\ 2 & 2 & 4 \end{pmatrix}$$

(解) まず，行列 A の固有値を求める．

$$|A - \lambda E| = \begin{vmatrix} 2-\lambda & 1 & 0 \\ 0 & 1-\lambda & 1 \\ 0 & 0 & 1-\lambda \end{vmatrix} = (2-\lambda)(1-\lambda)^2 = 0$$

より，$\lambda = 2, 1$（重解）．そこで，$\lambda = 1$ の固有ベクトル $\boldsymbol{x}$ を求めると，

$$(A - E)\boldsymbol{x} = \boldsymbol{o} \text{ より，} \begin{cases} x + y = 0 \\ z = 0 \end{cases} \Rightarrow \boldsymbol{x} = c\begin{pmatrix} -1 \\ 1 \\ 0 \end{pmatrix}$$

と 1 つしか存在しない．したがって，対角化できない．

次に行列 B の固有値を求める．

$$|B - \lambda E| = \begin{vmatrix} 3-\lambda & 2 & 3 \\ 2 & 3-\lambda & 3 \\ 2 & 2 & 4-\lambda \end{vmatrix} = (8-\lambda)(1-\lambda)^2 = 0$$

より $\lambda = 8, 1$（重解）.

そこで，$\lambda = 1$ の固有ベクトル $\boldsymbol{x}$ を求めると，$(B-E)\boldsymbol{x} = \boldsymbol{o}$ より，

$$2x + 2y + 3z = 0$$

そこで，$y = c_1$，$z = 2c_2$ とおくと，

$$\boldsymbol{x} = c_1 \begin{pmatrix} -1 \\ 1 \\ 0 \end{pmatrix} + c_2 \begin{pmatrix} -3 \\ 0 \\ 2 \end{pmatrix}$$

と 2 つの 1 次独立な固有ベクトルが存在する．したがって，対角化可能.

実際，$\lambda = 8$ の固有ベクトルは $\begin{pmatrix} 1 \\ 1 \\ 1 \end{pmatrix}$ であるから，$P = \begin{pmatrix} 1 & -1 & -3 \\ 1 & 1 & 0 \\ 1 & 0 & 2 \end{pmatrix}$ と

すると，

$$B' = P^{-1}BP = \begin{pmatrix} 8 & 0 & 0 \\ 0 & 1 & 0 \\ 0 & 0 & 1 \end{pmatrix}$$

を得る． □

節末問題 4.3

1. 次の 2 次の行列を適当な正則行列 P を選んで対角化せよ.

(1) $A=\begin{pmatrix}1 & 2\\ 2 & 4\end{pmatrix}$ (2) $B=\begin{pmatrix}2 & -3\\ -4 & 3\end{pmatrix}$ (3) $C=\begin{pmatrix}2 & 1\\ 3 & 2\end{pmatrix}$

2. 次の行列を適当な正則行列 P を選んで対角化せよ.

(1) $A=\begin{pmatrix}2 & 1 & 0\\ 1 & 2 & 0\\ 0 & 0 & 2\end{pmatrix}$ (2) $B=\begin{pmatrix}2 & 2 & 1\\ 1 & 3 & 1\\ 0 & 2 & 3\end{pmatrix}$ (3) $C=\begin{pmatrix}3 & 2 & 1\\ 2 & 3 & 1\\ 2 & 2 & 2\end{pmatrix}$

3. 次の行列の中から正則行列で対角化可能なものを選び対角化せよ.

(1) $A=\begin{pmatrix}1 & -1 & 0\\ 0 & -1 & 1\\ 0 & 0 & 1\end{pmatrix}$ (2) $B=\begin{pmatrix}0 & 2 & 1\\ 0 & 1 & 2\\ 1 & 2 & 0\end{pmatrix}$ (3) $C=\begin{pmatrix}3 & 2 & 1\\ 2 & 3 & 1\\ 2 & 2 & 2\end{pmatrix}$

(答) **1**. (1) $P=\begin{pmatrix}1 & -2\\ 2 & 1\end{pmatrix}$, $P^{-1}AP=\begin{pmatrix}5 & 0\\ 0 & 0\end{pmatrix}$ (2) $P=\begin{pmatrix}-3 & 1\\ 4 & 1\end{pmatrix}$, $P^{-1}BP=\begin{pmatrix}6 & 0\\ 0 & -1\end{pmatrix}$ (3) $P=\begin{pmatrix}1 & -1\\ \sqrt{3} & \sqrt{3}\end{pmatrix}$, $P^{-1}CP=\begin{pmatrix}2+\sqrt{3} & 0\\ 0 & 2-\sqrt{3}\end{pmatrix}$

2. (1) $P=\begin{pmatrix}1 & 0 & -1\\ 1 & 0 & 1\\ 0 & 1 & 0\end{pmatrix}$, $P^{-1}AP=\begin{pmatrix}3 & 0 & 0\\ 0 & 2 & 0\\ 0 & 0 & 1\end{pmatrix}$ (2) $P=\begin{pmatrix}1 & -1 & 1\\ 1 & -1 & -1\\ 1 & 2 & 1\end{pmatrix}$, $P^{-1}BP=\begin{pmatrix}5 & 0 & 0\\ 0 & 2 & 0\\ 0 & 0 & 1\end{pmatrix}$ (3) $P=\begin{pmatrix}1 & -1 & -1\\ 1 & 1 & 0\\ 1 & 0 & 2\end{pmatrix}$, $P^{-1}CP=\begin{pmatrix}6 & 0 & 0\\ 0 & 1 & 0\\ 0 & 0 & 1\end{pmatrix}$

3. (1) $\lambda=1$(2重根) だが, 固有ベクトルは $\boldsymbol{a}_1={}^t(1\ 0\ 0)$ のみで対角化不能.
(2) $\lambda=3,-1$(重根), $\lambda=-1$ の固有ベクトルは $\boldsymbol{a}_1={}^t(1\ -1\ 1)$ のみで対角化不能. $\lambda=3$ の固有ベクトルは $\boldsymbol{a}_2={}^t(1\ 1\ 1)$.
(3) $\lambda=6,1$ (重根). $\lambda=1$ の固有ベクトルは $\boldsymbol{a}_1={}^t(-1\ 0\ 2), \boldsymbol{a}_2={}^t(-1\ 1\ 0)$ で対角化可能. $\lambda=6$ の固有ベクトル $\boldsymbol{a}_3=(1\ 1\ 1)$.

$P=\begin{pmatrix}-1 & -1 & 1\\ 0 & 1 & 1\\ 2 & 0 & 1\end{pmatrix}$, $P^{-1}CP=\begin{pmatrix}1 & 0 & 0\\ 0 & 1 & 0\\ 0 & 0 & 6\end{pmatrix}$

4.4　行列の対角化 (II)

4.4.1　直交行列による対角化

前節では正則行列による行列の対角化を考えてきたが，ここでは直交行列による行列の対角化を考えよう．すでに 4.2 節でみたように，n 次の実対称行列 A が n 個の異なる固有値 $\lambda_1, \lambda_2, \cdots, \lambda_n$ をもつ場合，それに対応する固有単位ベクトル $\boldsymbol{n}_1, \boldsymbol{n}_2, \boldsymbol{n}_3, \cdots, \boldsymbol{n}_n$ は $\boldsymbol{R}^n$ の正規直交基底となるから，A を対角化する正則行列 $P = (\boldsymbol{n}_1, \boldsymbol{n}_2, \boldsymbol{n}_3, \cdots, \boldsymbol{n}_n)$ は直交行列で与えられる．したがって，定理 5 は次のように言いかえることができる．

定理 6　n 次の実対称行列 A が n 個の異なる固有値 $\lambda_1, \lambda_2, \cdots, \lambda_n$ をもつならば，適当な直交行列 P によって，

$$
{}^tPAP = \begin{pmatrix} \lambda_1 & 0 & \cdots & 0 \\ 0 & \lambda_2 & \cdots & 0 \\ \vdots & \vdots & \ddots & \vdots \\ 0 & 0 & \cdots & \lambda_n \end{pmatrix}
$$

と対角化できる．

【例題 8】　$A = \begin{pmatrix} 1 & 2 & 3 \\ 2 & 1 & 3 \\ 3 & 3 & 0 \end{pmatrix}$ を適当な直交行列によって対角化せよ．

(解)　まず A の固有値を求める．

$$
|A - \lambda E| = \begin{vmatrix} 1-\lambda & 2 & 3 \\ 2 & 1-\lambda & 3 \\ 3 & 3 & 0-\lambda \end{vmatrix} = (6-\lambda)(3+\lambda)(1+\lambda) = 0
$$

より，$\lambda = 6, -1, -3$.

実対称行列 A は異なる固有値をもつから，適当な直交行列 P を選んで対角

化できる．すなわち，

$$
{}^tPAP = \begin{pmatrix} 6 & 0 & 0 \\ 0 & -1 & 0 \\ 0 & 0 & -3 \end{pmatrix}
$$

次に，直交行列 P を求めよう．

$\lambda = 6$ の固有単位ベクトル $\boldsymbol{n}_1$ は方程式 $(A-6E)\boldsymbol{n}_1 = \boldsymbol{o}$ を解いて得られる．すなわち，

$$
\begin{cases} (1-6)x + 2y + 3z = 0 \\ 2x + (1-6)y + 3z = 0 \\ 3x + 3y + (0-6)z = 0 \end{cases}
$$

より，

$$
\boldsymbol{x}_1 = \begin{pmatrix} 1 \\ 1 \\ 1 \end{pmatrix}
$$

ベクトルの長さを 1 にして

$$
\boldsymbol{n}_1 = \frac{1}{\sqrt{3}} \begin{pmatrix} 1 \\ 1 \\ 1 \end{pmatrix}
$$

同様にして，

$\lambda = -1$ の固有単位ベクトル $\boldsymbol{n}_2$ は $(A+E)\boldsymbol{n}_2 = \boldsymbol{o}$ より，

$$
\boldsymbol{n}_2 = \frac{1}{\sqrt{2}} \begin{pmatrix} 1 \\ 1 \\ 0 \end{pmatrix}
$$

$\lambda = -3$ の固有単位ベクトル $\boldsymbol{n}_3$ は $(A+3E)\boldsymbol{n}_3 = \boldsymbol{o}$ より，

$\boldsymbol{n}_3 = \frac{1}{\sqrt{6}} \begin{pmatrix} -1 \\ -1 \\ 2 \end{pmatrix}$ したがって，

$$P = (\boldsymbol{n}_1 \quad \boldsymbol{n}_2 \quad \boldsymbol{n}_3) = \begin{pmatrix} \dfrac{1}{\sqrt{3}} & \dfrac{-1}{\sqrt{2}} & \dfrac{-1}{\sqrt{6}} \\ \dfrac{1}{\sqrt{3}} & \dfrac{1}{\sqrt{2}} & \dfrac{-1}{\sqrt{6}} \\ \dfrac{1}{\sqrt{3}} & 0 & \dfrac{2}{\sqrt{6}} \end{pmatrix}$$

□

4.4.2 実対称行列の対角化

上では実対称行列の固有値が重解でない場合の対角化について考えた．ここでは重解をもつ場合も含めて，直交行列による対角化を考えよう．

定理 7 実対称行列の固有値は実数である．

証明 行列 A が実対称行列であるとは ${}^tA = A$ かつ，$\overline{A} = A$ であることである．

この 2 つのことを用いて定理を証明する．A の任意の固有値 λ をとり，その固有ベクトルを $\boldsymbol{x}$ とすると，

$$A\boldsymbol{x} = \lambda\boldsymbol{x}$$

ここで，両辺の複素共役をとると，

$$\overline{A}\overline{\boldsymbol{x}} = \overline{\lambda}\overline{\boldsymbol{x}}$$

ここで，$\overline{A} = A$ であることから，

$$A\overline{\boldsymbol{x}} = \overline{\lambda}\overline{\boldsymbol{x}}$$

さらに，両辺を転置して，${}^tA = A$ に注意すると，

$${}^t\overline{\boldsymbol{x}}A = \overline{\lambda}\,{}^t\overline{\boldsymbol{x}}$$

ここで，両辺に右側から $\boldsymbol{x}$ を掛ける．

$${}^t\overline{\boldsymbol{x}}A\boldsymbol{x} = \overline{\lambda}\,{}^t\overline{\boldsymbol{x}}\boldsymbol{x}$$

$A\boldsymbol{x} = \lambda\boldsymbol{x}$ より，

$${}^t\overline{\boldsymbol{x}}\lambda\boldsymbol{x} = \overline{\lambda}{}^t\overline{\boldsymbol{x}}\boldsymbol{x}$$

したがって，

$$\left(\lambda - \overline{\lambda}\right){}^t\overline{\boldsymbol{x}}\boldsymbol{x} = 0$$

ここで，${}^t\overline{\boldsymbol{x}}\boldsymbol{x} = |\boldsymbol{x}|^2 > 0$ であるから，

$$\lambda = \overline{\lambda}$$

λ は実数である．

【例題 9】　次の行列の固有値を求めよ．

$$(1)\quad A = \begin{pmatrix} 1 & 1 \\ -1 & 1 \end{pmatrix} \qquad (2)\quad B = \begin{pmatrix} 0 & 1 & -1 \\ -1 & 0 & -1 \\ 1 & 1 & 0 \end{pmatrix}$$

(解)　(1)

$$|A - \lambda E| = \begin{vmatrix} 1-\lambda & 1 \\ -1 & 1-\lambda \end{vmatrix} = \lambda^2 - 2\lambda + 2 = 0$$

より，$\lambda = -1 \pm \sqrt{1-2} = -1 \pm i$．

(2)

$$|B - \lambda E| = \begin{vmatrix} 0-\lambda & 1 & -1 \\ -1 & 0-\lambda & -1 \\ 1 & 1 & 0-\lambda \end{vmatrix} = \lambda\left(\lambda^2 + 3\right) = 0$$

より，$\lambda = 0,\ \pm\sqrt{3}i$．

行列 B は交代行列である．この例が示すように，交代行列の 0 以外の固有値は純虚数である．　□

実対称行列は固有値が重解であると否とにかかわらず，直交行列による対角化が可能である．

定理 8　実対称行列は適当な直交行列によって対角化可能である．

証明　行列の次数 n に関する数学的帰納法で証明しよう．

(1)　$n=1$ のとき，$A=(a_{11})$ となり，これはすでに対角行列である．

(2)　$n=k-1(k \geqq 2)$ のときは成立していると仮定して，$n=k$ のとき，定理が成立することを示そう．

A の固有値は $\lambda_1, \lambda_2, \cdots, \lambda_k$ とする．固有値 λ_1 の固有単位ベクトルを $\boldsymbol{x}_1$ とする．この $\boldsymbol{x}_1$ を含む正規直交基底 $=\{\boldsymbol{x}_1, \boldsymbol{x}_2, \cdots, \boldsymbol{x}_k\}$ を考えると，この基底に関する $f : \boldsymbol{x} \to A\boldsymbol{x}$ の行列 A' は，$P'=(\boldsymbol{x}_1 \boldsymbol{x}_2 \cdots \boldsymbol{x}_k)$ として，

$$A' = {}^tP'AP' = \left(\begin{array}{c|ccc} \lambda_1 & * & \cdots & * \\ \hline 0 & & & \\ \vdots & & B & \\ 0 & & & \end{array}\right)$$

と表される．この行列を転置すると，

$${}^tA' = {}^t({}^tP'AP') = {}^t\left(\begin{array}{c|ccc} \lambda_1 & * & \cdots & * \\ \hline 0 & & & \\ \vdots & & B & \\ 0 & & & \end{array}\right) = \left(\begin{array}{c|ccc} \lambda_1 & 0 & \cdots & 0 \\ \hline * & & & \\ \vdots & & {}^tB & \\ * & & & \end{array}\right)$$

${}^t({}^tP'AP') = {}^tP'AP'$ より，${}^tA' = A'$ となるから，上の 2 式を比較して，

$$A' = \left(\begin{array}{c|ccc} \lambda_1 & 0 & \cdots & 0 \\ \hline 0 & & & \\ \vdots & & B & \\ 0 & & & \end{array}\right)$$

ここに，B は実対称行列で，その固有値は定理 4 より，$\lambda_2, \lambda_3, \cdots, \lambda_k$ である．

B に，帰納法の仮定を用いると，適当な直交行列 Q を用いて，

$${}^tQBQ = \begin{pmatrix} \lambda_2 & 0 & \cdots & 0 \\ 0 & \lambda_3 & \cdots & 0 \\ \vdots & \vdots & \ddots & \vdots \\ 0 & 0 & \cdots & \lambda_k \end{pmatrix}$$

したがって,

$$
{}^t\left(\begin{array}{c|ccc} 1 & 0 & \cdots & 0 \\ \hline 0 & & & \\ \vdots & & Q & \\ 0 & & & \end{array}\right) A' \left(\begin{array}{c|ccc} 1 & 0 & \cdots & 0 \\ \hline 0 & & & \\ \vdots & & Q & \\ 0 & & & \end{array}\right)
$$

$$
= \left(\begin{array}{c|ccc} 1 & 0 & \cdots & 0 \\ \hline 0 & & & \\ \vdots & & {}^tQ & \\ 0 & & & \end{array}\right) \left(\begin{array}{c|ccc} \lambda_1 & 0 & \cdots & 0 \\ \hline 0 & & & \\ \vdots & & B & \\ 0 & & & \end{array}\right) \left(\begin{array}{c|ccc} 1 & 0 & \cdots & 0 \\ \hline 0 & & & \\ \vdots & & Q & \\ 0 & & & \end{array}\right)
$$

$$
= \left(\begin{array}{c|ccc} \lambda_1 & 0 & \cdots\cdots & 0 \\ \hline 0 & & & \\ \vdots & & {}^tQBQ & \\ 0 & & & \end{array}\right) = \begin{pmatrix} \lambda_1 & 0 & \cdots & 0 \\ 0 & \lambda_2 & \cdots & 0 \\ \vdots & \vdots & \ddots & \vdots \\ 0 & 0 & \cdots & \lambda_n \end{pmatrix}
$$

ここに,

$$
P = P' \left(\begin{array}{c|ccc} 1 & 0 & \cdots & 0 \\ \hline 0 & & & \\ \vdots & & Q & \\ 0 & & & \end{array}\right)
$$

は直交行列である. ∎

【例題 10】 $A = \begin{pmatrix} 2 & 2 & 1 \\ 2 & 5 & 2 \\ 1 & 2 & 2 \end{pmatrix}$ を直交行列によって対角化せよ.

(解) まず A の固有値を求める.

$$
|A - \lambda E| = \begin{vmatrix} 2-\lambda & 2 & 1 \\ 2 & 5-\lambda & 2 \\ 1 & 2 & 2-\lambda \end{vmatrix} = (7-\lambda)(1-\lambda)^2 = 0 \quad \text{より},
$$

$\lambda = 7, 1, 1$　（重解）

次に A を対角化する直交行列 P を求めよう．

$\lambda = 7$ の固有単位ベクトル $\boldsymbol{n}_1$ は $(A - 7E)\boldsymbol{n}_1 = \boldsymbol{o}$ より，$\boldsymbol{n}_1 = \dfrac{1}{\sqrt{6}}\begin{pmatrix} 1 \\ 2 \\ 1 \end{pmatrix}$

$\lambda = 1$ の固有単位ベクトル $\boldsymbol{x}$ は $(A - E)\boldsymbol{x} = \boldsymbol{o}$ より，

$$\boldsymbol{x} = c_1 \begin{pmatrix} -2 \\ 1 \\ 0 \end{pmatrix} + c_2 \begin{pmatrix} -1 \\ 0 \\ 1 \end{pmatrix}$$

ここで得られた 2 つのベクトル $\boldsymbol{x}_1 = \begin{pmatrix} -2 \\ 1 \\ 0 \end{pmatrix}$，$\boldsymbol{x}_2 = \begin{pmatrix} -1 \\ 0 \\ 1 \end{pmatrix}$ にシュミットの直交化法を用いると，

$$\boldsymbol{n}_2 = \frac{\boldsymbol{x}_1}{|\boldsymbol{x}_1|} = \frac{1}{\sqrt{5}} \begin{pmatrix} -2 \\ 1 \\ 0 \end{pmatrix}$$

$$\boldsymbol{b}_2 = \boldsymbol{x}_2 - (\boldsymbol{x}_2 \cdot \boldsymbol{n}_2)\,\boldsymbol{n}_2 = \frac{1}{5} \begin{pmatrix} -1 \\ -2 \\ 5 \end{pmatrix}$$

$$\boldsymbol{n}_3 = \frac{\boldsymbol{b}_2}{|\boldsymbol{b}_2|} = \frac{1}{\sqrt{30}} \begin{pmatrix} -1 \\ -2 \\ 5 \end{pmatrix}$$

したがって，

$$P = \begin{pmatrix} \dfrac{1}{\sqrt{6}} & \dfrac{-2}{\sqrt{5}} & \dfrac{-1}{\sqrt{30}} \\ \dfrac{2}{\sqrt{6}} & \dfrac{1}{\sqrt{5}} & \dfrac{-2}{\sqrt{30}} \\ \dfrac{1}{\sqrt{6}} & 0 & \dfrac{5}{\sqrt{30}} \end{pmatrix} \text{として，} {}^tPAP = \begin{pmatrix} 7 & 0 & 0 \\ 0 & 1 & 0 \\ 0 & 0 & 1 \end{pmatrix}$$

□

節末問題 4.4

1. 適当な直交行列を選んで，次の実対称行列を対角化せよ．

(1) $A=\begin{pmatrix}1 & 1\\1 & 1\end{pmatrix}$, (2) $B=\begin{pmatrix}0 & 1\\1 & 0\end{pmatrix}$, (3) $C=\begin{pmatrix}2 & -2\\-2 & 5\end{pmatrix}$

2. 適当な直交行列を選んで，次の実対称行列を対角化せよ．

(1) $A=\begin{pmatrix}2 & 1 & 0\\1 & 2 & 0\\0 & 0 & 2\end{pmatrix}$, (2) $B=\begin{pmatrix}1 & 2 & 3\\2 & 1 & 3\\3 & 3 & 6\end{pmatrix}$, (3) $C=\begin{pmatrix}1 & 0 & 1\\0 & 1 & 1\\1 & 1 & 0\end{pmatrix}$

3. 適当な直交行列を選んで，次の実対称行列を対角化せよ．

(1) $A=\begin{pmatrix}2 & 1 & 1\\1 & 2 & 1\\1 & 1 & 2\end{pmatrix}$, (2) $B=\begin{pmatrix}2 & 1 & 3\\1 & 2 & 3\\3 & 3 & 10\end{pmatrix}$, (3) $C=\begin{pmatrix}2 & 2 & 3\\2 & 5 & 6\\3 & 6 & 10\end{pmatrix}$

4. 実の交代行列の 0 以外の固有値は純虚数であることを証明せよ．

(答) **1**. (1) $P=\dfrac{1}{\sqrt{2}}\begin{pmatrix}1 & -1\\ 1 & 1\end{pmatrix}$, ${}^tPAP=\begin{pmatrix}2 & 0\\ 0 & 0\end{pmatrix}$

(2) $P=\dfrac{1}{\sqrt{2}}\begin{pmatrix}1 & -1\\ 1 & 1\end{pmatrix}$, ${}^tPBP=\begin{pmatrix}1 & 0\\ 0 & -1\end{pmatrix}$

(3) $P=\dfrac{1}{\sqrt{5}}\begin{pmatrix}-1 & 2\\ 2 & 1\end{pmatrix}$, ${}^tPCP=\begin{pmatrix}6 & 0\\ 0 & 1\end{pmatrix}$

2. (1) $P=\begin{pmatrix}1/\sqrt{2} & 0 & 1/\sqrt{2}\\ 1/\sqrt{2} & 0 & 1/\sqrt{2}\\ 0 & 1 & 0\end{pmatrix}$, ${}^tPAP=\begin{pmatrix}3 & 0 & 0\\ 0 & 2 & 0\\ 0 & 0 & 1\end{pmatrix}$

(2) $P=\begin{pmatrix}1/\sqrt{6} & -1/\sqrt{2} & -1/\sqrt{3}\\ 1/\sqrt{6} & 1/\sqrt{2} & -1/\sqrt{3}\\ 2/\sqrt{6} & 0 & 1/\sqrt{3}\end{pmatrix}$, ${}^tPBP=\begin{pmatrix}9 & 0 & 0\\ 0 & -1 & 0\\ 0 & 0 & 0\end{pmatrix}$

(3) $P=\begin{pmatrix}1/\sqrt{3} & -1/\sqrt{2} & -1/\sqrt{6}\\ 1/\sqrt{3} & -1/\sqrt{2} & -1/\sqrt{6}\\ 1/\sqrt{3} & 0 & 2/\sqrt{6}\end{pmatrix}$, ${}^tPCP=\begin{pmatrix}2 & 0 & 0\\ 0 & 1 & 0\\ 0 & 0 & -1\end{pmatrix}$

3. (1) $P=\begin{pmatrix}1/\sqrt{3} & -1/\sqrt{2} & 1/\sqrt{6}\\ 1/\sqrt{3} & 1/\sqrt{2} & 1/\sqrt{6}\\ 1/\sqrt{3} & 0 & -2/\sqrt{6}\end{pmatrix}$, ${}^tPAP=\begin{pmatrix}4 & 0 & 0\\ 0 & 1 & 0\\ 0 & 0 & 1\end{pmatrix}$

(2) $P=\begin{pmatrix}1/\sqrt{11} & -1/\sqrt{2} & -3/\sqrt{22}\\ 1/\sqrt{11} & 1/\sqrt{2} & -3/\sqrt{22}\\ 3/\sqrt{11} & 0 & 2/\sqrt{22}\end{pmatrix}$, ${}^tPBP=\begin{pmatrix}12 & 0 & 0\\ 0 & 1 & 0\\ 0 & 0 & 1\end{pmatrix}$

(3) $P=\begin{pmatrix}1/\sqrt{14} & -3/\sqrt{10} & 1/\sqrt{35}\\ 2/\sqrt{14} & 0 & -5/\sqrt{35}\\ 3/\sqrt{14} & 1/\sqrt{10} & 3/\sqrt{35}\end{pmatrix}$, ${}^tPCP=\begin{pmatrix}15 & 0 & 0\\ 0 & 1 & 0\\ 0 & 0 & 1\end{pmatrix}$

4. 定理 7 の証明で，${}^tA=-A$ より，$\overline{\lambda}=-\lambda$ を得る．

4.5 2 次 形 式

4.5.1 2 次 形 式

2 変数 x, y の同次多項式

$$F(x,y) = ax^2 + 2hxy + by^2$$

を x, y の **2 次形式**という．A を対称行列として，

$$A = \begin{pmatrix} a & h \\ h & b \end{pmatrix}, \qquad \boldsymbol{x} = \begin{pmatrix} x \\ y \end{pmatrix}$$

として，$F(x,y) = F(\boldsymbol{x})$ とおくと，

$$F(\boldsymbol{x}) = \begin{pmatrix} x & y \end{pmatrix} \begin{pmatrix} a & h \\ h & b \end{pmatrix} \begin{pmatrix} x \\ y \end{pmatrix} = {}^t\boldsymbol{x}A\boldsymbol{x}$$

と表される．そこで，直交行列 P をとって，

$$\boldsymbol{x} = P\boldsymbol{x}', \qquad \boldsymbol{x}' = \begin{pmatrix} x' \\ y' \end{pmatrix}$$

とおくと，

$$F(\boldsymbol{x}) = {}^t(P\boldsymbol{x}')AP\boldsymbol{x}' = {}^t\boldsymbol{x}' \left({}^tPAP\right) \boldsymbol{x}'$$

ここで，A は対称行列であるから直交行列 P を適当にとると

$${}^tPAP = \begin{pmatrix} \lambda_1 & 0 \\ 0 & \lambda_2 \end{pmatrix}$$

とできる．すなわち，

$$F(\boldsymbol{x}) = \begin{pmatrix} x' & y' \end{pmatrix} \begin{pmatrix} \lambda_1 & 0 \\ 0 & \lambda_2 \end{pmatrix} \begin{pmatrix} x' \\ y' \end{pmatrix} = \lambda_1 {x'}^2 + \lambda_2 {y'}^2$$

これを **2 次形式 $F(x,y)$ の標準形**という．

一般に，$x_1, x_2, \cdots, x_n$ の 2 次の同次多項式

$$F(x_1, x_2, \cdots, x_n) = a_{11}{x_1}^2 + a_{22}{x_2}^2 + \cdots + a_{nn}{x_n}^2$$
$$+2a_{12}x_1x_2 + 2a_{13}x_1x_3 + \cdots + 2a_{n-1,n}x_{n-1}x_n$$

を $x_1, x_2, \cdots, x_n$ の 2 次形式という．このとき，

$$A = \begin{pmatrix} a_{11} & a_{12} & \cdots & a_{1n} \\ a_{12} & a_{22} & \cdots & a_{2n} \\ \vdots & \vdots & & \vdots \\ a_{1n} & a_{2n} & \cdots & a_{nn} \end{pmatrix}, \qquad \boldsymbol{x} = \begin{pmatrix} x_1 \\ x_2 \\ \vdots \\ x_n \end{pmatrix}$$

として，$F(x_1, x_2, \cdots, x_n) = F(\boldsymbol{x})$ とおくと，$F(\boldsymbol{x}) = {}^t\boldsymbol{x}A\boldsymbol{x}$ と表される．さらに，A が 0 でない r 個の固有値 $\lambda_1, \lambda_2, \cdots, \lambda_r$ をもてば，適当な直交行列 P をとって，

$$\boldsymbol{x} = P\boldsymbol{y}, \qquad \boldsymbol{y} = \begin{pmatrix} y_1 \\ y_2 \\ \vdots \\ y_n \end{pmatrix}$$

とおくと，

$$F(\boldsymbol{x}) = {}^t(P\boldsymbol{y})AP\boldsymbol{y} = {}^t\boldsymbol{y}\left({}^tPAP\right)\boldsymbol{y}$$

$$= {}^t\boldsymbol{y} \begin{pmatrix} \lambda_1 & & & & & & \\ & \lambda_2 & & & & \text{O} & \\ & & \ddots & & & & \\ & & & \lambda_r & & & \\ & & & & 0 & & \\ & \text{O} & & & & \ddots & \\ & & & & & & 0 \end{pmatrix} \boldsymbol{y}$$

$$= \lambda_1{y_1}^2 + \lambda_2{y_2}^2 + \cdots + \lambda_r{y_r}^2$$

と表される．これを **2 次形式** $F(x_1, x_2, \cdots, x_n)$ **の標準形**という．

以上をまとめて次の定理を得る．

定理 9　2 次形式 $F(\boldsymbol{x}) = {}^t\boldsymbol{x}A\boldsymbol{x}$ は適当な直交行列 P をとって，$\boldsymbol{x} = P\boldsymbol{y}$ とすると，

$$F(\boldsymbol{x}) = \lambda_1 {y_1}^2 + \lambda_2 {y_2}^2 + \cdots + \lambda_r {y_r}^2$$

の形に表すことができる．ここに，$\lambda_1, \lambda_2, \cdots, \lambda_r$ は A の 0 でない固有値である．

【例題 11】 $F(x,y,z) = x^2 - 3y^2 + z^2 - 4xy + 4xz + 4yz$ を直交行列によって標準形になおせ．

(解)

$$A = \begin{pmatrix} 1 & -2 & 2 \\ -2 & -3 & 2 \\ 2 & 2 & 1 \end{pmatrix}, \qquad \boldsymbol{x} = \begin{pmatrix} x \\ y \\ z \end{pmatrix}$$

とおくと，$F(\boldsymbol{x}) = {}^t\boldsymbol{x}A\boldsymbol{x}$ と表せる．

A の固有値を求める．

$$|A - \lambda E| = \begin{vmatrix} 1-\lambda & -2 & 2 \\ -2 & -3-\lambda & 2 \\ 2 & 2 & 1-\lambda \end{vmatrix} = (3-\lambda)(1-\lambda)(5+\lambda) = 0$$

より，$\lambda = 3, 1, -5$．それぞれの固有単位ベクトル $\boldsymbol{x}_1, \boldsymbol{x}_2, \boldsymbol{x}_3$ は，

$$\boldsymbol{x}_1 = \frac{1}{\sqrt{2}}\begin{pmatrix} 1 \\ 0 \\ 1 \end{pmatrix}, \quad \boldsymbol{x}_2 = \frac{1}{\sqrt{3}}\begin{pmatrix} -1 \\ 1 \\ 1 \end{pmatrix}, \quad \boldsymbol{x}_3 = \frac{1}{\sqrt{6}}\begin{pmatrix} -1 \\ -2 \\ 1 \end{pmatrix}$$

よって，

$$P = \begin{pmatrix} \frac{1}{\sqrt{2}} & \frac{-1}{\sqrt{3}} & \frac{-1}{\sqrt{6}} \\ 0 & \frac{1}{\sqrt{3}} & \frac{-2}{\sqrt{6}} \\ \frac{1}{\sqrt{2}} & \frac{1}{\sqrt{3}} & \frac{1}{\sqrt{6}} \end{pmatrix}$$

とおくと，

$$ {}^tPAP = \begin{pmatrix} 3 & 0 & 0 \\ 0 & 1 & 0 \\ 0 & 0 & -5 \end{pmatrix} $$

したがって，$\boldsymbol{x} = P\boldsymbol{y}$，すなわち，

$$ \begin{aligned} x &= \frac{1}{\sqrt{2}}x' - \frac{1}{\sqrt{3}}y' - \frac{1}{\sqrt{6}}z' \\ y &= \qquad\quad \frac{1}{\sqrt{3}}y' - \frac{2}{\sqrt{6}}z' \\ z &= \frac{1}{\sqrt{2}}x' + \frac{1}{\sqrt{3}}y' + \frac{1}{\sqrt{6}}z' \end{aligned} $$

とおくことによって，

$$ F(\boldsymbol{x}) = 3{x'}^2 + {y'}^2 - 5{z'}^2 $$

4.5.2 2次形式の符号

2 次形式 $F(\boldsymbol{x}) = {}^t\boldsymbol{x}A\boldsymbol{x}$ が，$\boldsymbol{x} \neq \boldsymbol{o}$ なる任意の $\boldsymbol{x}$ に対して $F(\boldsymbol{x}) > 0$ なるとき，2 次形式 $F(\boldsymbol{x})$ は**正値**であるといい，A を**正値な対称行列**という．

同様に，$\boldsymbol{x} \neq \boldsymbol{o}$ なる $\boldsymbol{x}$ に対する $F(\boldsymbol{x})$ の符号によって次のように定義する．

(1) $F(\boldsymbol{x}) > 0 \quad \Leftrightarrow \quad F(\boldsymbol{x})$ は**正値**

(2) $F(\boldsymbol{x}) \geqq 0 \quad \Leftrightarrow \quad F(\boldsymbol{x})$ は**半正値**

(3) $F(\boldsymbol{x}) < 0 \quad \Leftrightarrow \quad F(\boldsymbol{x})$ は**負値**

(4) $F(\boldsymbol{x}) \leqq 0 \quad \Leftrightarrow \quad F(\boldsymbol{x})$ は**半負値**

(5) (1)～(4) でない $\quad \Leftrightarrow \quad F(\boldsymbol{x})$ は**不定符号**

これに対して明らかに次の定理が成り立つ．

定理 10 行列 A の固有値が

(1) すべて正である．

(2) すべてが負でなく，少なくも 1 つは 0 である．

(3) すべてが負である．

(4) すべてが正でなく，少なくも 1 つは 0 である．

(5) (1)～(4) のいずれでもない．

に従って，行列 A は正値，半正値，負値，半不値，不定符号である．

【例題 12】 $F(x,y,z) = 3x^2+3y^2+4z^2+4xy+2xz+2yz$ は正値 2 次形式であることを示せ．

(解)

$$A = \begin{pmatrix} 3 & 2 & 1 \\ 2 & 3 & 1 \\ 1 & 1 & 4 \end{pmatrix}, \qquad \boldsymbol{x} = \begin{pmatrix} x \\ y \\ z \end{pmatrix}$$

とおくと，$F(\boldsymbol{x}) = {}^t\boldsymbol{x}A\boldsymbol{x}$

A の固有値を求めると，

$$|A-\lambda E| = \begin{vmatrix} 3-\lambda & 2 & 1 \\ 2 & 3-\lambda & 1 \\ 1 & 1 & 4-\lambda \end{vmatrix} = (1-\lambda)(3-\lambda)(6-\lambda) = 0$$

より，$\lambda = 6, 3, 1$．したがって，$F(\boldsymbol{x})$ は正値 2 次形式である． □

この例のように行列の固有値が簡単に求まる場合は行列が正値かどうかを判定することは容易であるが，一般に高次方程式 $|A-\lambda E| = 0$ を解いて判断することは煩雑である．そこで，次の定理を紹介しておこう．

行列 A の小行列

$$A_1 = (a_{11}), A_2 = \begin{pmatrix} a_{11} & a_{12} \\ a_{21} & a_{22} \end{pmatrix}, \cdots, , \cdots,$$

$$A_k = \begin{pmatrix} a_{11} & a_{12} & \cdots & a_{1k} \\ a_{21} & a_{22} & \cdots & a_{2k} \\ \vdots & \vdots & \ddots & \vdots \\ a_{k1} & a_{k2} & \cdots & a_{kk} \end{pmatrix}, \cdots, A_n = A$$

に対する行列式 $|A_1|, |A_2|, \cdots, |A_k|, \cdots, |A_n|$ を A の**主対角小行列式**という.

定理 11

(1) 行列 A が正値である ⇔ $|A_k| > 0\ (k = 1, 2, \cdots, n)$

(2) 行列 A が半正値である ⇔ $|A_k| \geqq 0\ (k = 1, 2, \cdots, n-1)$ かつ $|A| = 0$

(3) 行列 A が負値である ⇔ $|A_{2k-1}| < 0, |A_{2k}| > 0\ (k = 1, 2, \cdots)$

(4) 行列 A が半負値である ⇔ $|A_{2k-1}| \leqq 0, |A_{2k}| \geqq 0\ (k = 1, 2, \cdots)$ かつ $|A| = 0$

(5) 行列 A が不定符号である ⇔ (1)~(4) のいずれでもない

【例題 13】 次の行列の符号を判定せよ.

(1) $A = \begin{pmatrix} 2 & 1 & 1 & 3 \\ 1 & 2 & 1 & 2 \\ 1 & 1 & 2 & 1 \\ 3 & 2 & 1 & 5 \end{pmatrix}$, (2) $B = \begin{pmatrix} -2 & 1 & -3 & 0 \\ 1 & -3 & 2 & 1 \\ -3 & 2 & -5 & -1 \\ 0 & 1 & -1 & -3 \end{pmatrix}$

(解) (1) $|A_1| = 2 > 0$, $|A_2| = \begin{vmatrix} 2 & 1 \\ 1 & 2 \end{vmatrix} = 3 > 0$,

$$|A_3| = \begin{vmatrix} 2 & 1 & 1 \\ 1 & 2 & 1 \\ 1 & 1 & 2 \end{vmatrix} = 4 > 0, \quad |A_4| - \begin{vmatrix} 2 & 1 & 1 & 3 \\ 1 & 2 & 1 & 2 \\ 1 & 1 & 2 & 1 \\ 3 & 2 & 1 & 5 \end{vmatrix} - 0$$

したがって，

$$|A_1| > 0, \quad |A_2| > 0, \quad |A_3| > 0, \quad |A_4| = 0$$

より，A は半正値である．

(2)　$|B_1| = |-2| = -2 < 0, \qquad |B_2| \begin{vmatrix} -2 & 1 \\ 1 & -3 \end{vmatrix} = 5 > 0,$

$$|B_3| = \begin{vmatrix} -2 & 1 & -3 \\ 1 & -3 & 2 \\ -3 & 2 & -5 \end{vmatrix} = -2 < 0, \quad |B_4| = \begin{vmatrix} -2 & 1 & -3 & 0 \\ 1 & -3 & 2 & 1 \\ -3 & 2 & -5 & -1 \\ 0 & 1 & -1 & -3 \end{vmatrix}$$

$$= 2 > 0$$

したがって，

$$|B_1| < 0, \quad |B_2| > 0, \quad |B_3| < 0, \quad |B_4| > 0$$

より，B は負値である．　□

節末問題 4.5

1. 次の 2 次形式を直交行列によって標準形になおせ.

(1) $F(x,y)=6x^2-4xy+3y^2$

(2) $F(x,y)=2x^2+4xy+5y^2$

(3) $F(x,y)=x^2+6xy+y^2$

(4) $F(x,y)=5x^2-4xy+2y^2$

2. 次の 2 次形式を直交行列によって標準形になおせ.

(1) $F(x,y,z)=x^2-z^2+4xy+4yz$

(2) $F(x,y,z)=x^2+4y^2+z^2+4xy+6xz+12yz$

(3) $F(x,y,z)=2x^2+2y^2+5z^2+2xy+4xz+4yz$

(4) $F(x,y,z)=4x^2+4y^2+4z^2+6xy+8xz$

3. 次の 2 次形式を直交行列によって標準形になおせ.

(1) $F(x_1,x_2,x_3,x_4)={x_1}^2+{x_2}^2+2{x_3}^2+{x_4}^2+4x_1x_4$

(2) $F(x_1,x_2,x_3,x_4)={x_1}^2+{x_2}^2+{x_3}^2+{x_4}^2$
$\qquad -4x_1x_2+4x_1x_3-4x_1x_4+4x_2x_3+4x_2x_4-4x_3x_4$

4. 次の行列の符号を判定せよ.

(1) $\begin{pmatrix}3&2&3\\2&2&1\\3&1&5\end{pmatrix}$, (2) $\begin{pmatrix}-2&2&1\\2&-3&-1\\1&-1&-1\end{pmatrix}$, (3) $\begin{pmatrix}2&2&3\\2&5&-2\\3&-2&3\end{pmatrix}$,

(4) $\begin{pmatrix}1&2&3&1\\2&5&4&2\\2&4&5&1\\1&2&1&-1\end{pmatrix}$, (5) $\begin{pmatrix}-1&1&-1&1\\1&-2&1&-1\\-1&1&-2&2\\1&-1&2&-2\end{pmatrix}$

5. n 次実対称行列 A が正値であるとき,

$$|A_1|>0,\ |A_2|>0,\ |A_3|>0,\ \cdots,\ |A_n|>0$$

であることを示せ.

(答) **1**. (1) $F(\boldsymbol{x}) = 7{x'}^2 + 2{y'}^2$ (2) $F(\boldsymbol{x}) = 6{x'}^2 + {y'}^2$ (3) $F(\boldsymbol{x}) = 4{x'}^2 - 2{y'}^2$ (4) $F(\boldsymbol{x}) = 6{x'}^2 + {y'}^2$

2. (1) $F(\boldsymbol{x}) = 3{x'}^2 - 3{y'}^2$ (2) $F(\boldsymbol{x}) = 10{x'}^2 - 4{y'}^2$ (3) $F(\boldsymbol{x}) = 7{x'}^2 + {y'}^2 + {z'}^2$ (4) $F(\boldsymbol{x}) = 9{x'}^2 + 4{y'}^2 - z^2$

3. (1) $F(\boldsymbol{x}) = 3{y_1}^2 + 2{y_2}^2 + {y_3}^2 - {y_4}^2$ (2) $F(\boldsymbol{x}) = 7{y_1}^2 - {y_2}^2 - {y_3}^2 - {y_4}^2$

4. (1) 正値 (2) 負値 (3) 不定符号 (4) 半正値 (5) 半負値

5. $0 < k \leqq n$ なる任意の k に対して，$\boldsymbol{x} = {}^t(x_1\ x_2\ \cdots\ x_k\ 0\ \cdots\ 0)$ を考えると，${}^t\boldsymbol{x}A\boldsymbol{x} > 0$. すなわち，$\boldsymbol{x}_k = {}^t(x_1\ x_2\ \cdots\ x_k)$ として，$F(\boldsymbol{x}) = {}^t\boldsymbol{x}_k A_k \boldsymbol{x}_k$ は正値 2 次形式であるから，A_k の固有値は $\lambda_1 > 0, \lambda_2 > 0, \cdots, \lambda_k > 0$. よって，$|A_k| = \lambda_1 \cdot \lambda_2 \cdots \cdot \lambda_k > 0$

4.6　2次形式の応用

4.6.1　2次曲面，2次曲線の標準形

2次曲線

$$F(x,y) = a_{11}x^2 + a_{22}y^2 + 2a_{12}xy + 2b_1x + 2b_2y + c = 0$$

の表す図形を調べてみよう．

$$A = \begin{pmatrix} a_{11} & a_{12} \\ a_{12} & a_{22} \end{pmatrix}, \quad \boldsymbol{b} = \begin{pmatrix} b_1 \\ b_2 \end{pmatrix}, \quad \boldsymbol{x} = \begin{pmatrix} x \\ y \end{pmatrix}$$

とおくと，

$$F(\boldsymbol{x}) = {}^t\boldsymbol{x}A\boldsymbol{x} + 2{}^t\boldsymbol{b}\boldsymbol{x} + c = 0$$

と表される．直交行列 P による座標変換 $\boldsymbol{x} = P\boldsymbol{x}'$ をほどこすと，

$$F(\boldsymbol{x}) = {}^t\boldsymbol{x}' \left({}^tPAP\right) \boldsymbol{x}' + 2{}^t\boldsymbol{b}P\boldsymbol{x}' + c$$

ここで，直交行列 P を適当にとれば，A の固有値を λ_1, λ_2 として，

$${}^tPAP = \begin{pmatrix} \lambda_1 & 0 \\ 0 & \lambda_2 \end{pmatrix}$$

とできる．さらに，

$$\boldsymbol{b}' = \begin{pmatrix} b_1' \\ b_2' \end{pmatrix} = {}^tP\boldsymbol{b}$$

とおくと，2次曲線は

$$F(\boldsymbol{x}) = \lambda_1 {x'}^2 + \lambda_2 {y'}^2 + 2b_1'x' + 2b_2'y' + c = 0$$

となる．したがって，

(1) $\lambda_1 \cdot \lambda_2 \neq 0$ であれば，さらに，

$$F(\boldsymbol{x}) = \lambda_1\left(x' + \frac{b'_1}{\lambda_1}\right)^2 + \lambda_2\left(y' + \frac{b'_2}{\lambda_2}\right)^2 + c' = 0 \quad \left(c' = c - \frac{{b'_1}^2}{\lambda_1} - \frac{{b'_2}^2}{\lambda_2}\right)$$

となって，λ_1, λ_2 や c' の値によって楕円（円）や双曲線や交わる 2 直線を表していることがわかる．

(2) $\lambda_1 \neq 0, \lambda_2 = 0, b'_2 \neq 0$ であれば，このときは

$$F(\boldsymbol{x}) = \lambda_1\left(x' + \frac{b'_1}{\lambda_1}\right)^2 + 2b'_2\left(y' + \frac{c'}{2{b_2}'}\right) = 0 \quad \left(c' = c - \frac{{b_1}^2}{\lambda_1}\right)$$

となって，放物線を表している．

(3) $\lambda_1 \neq 0, \lambda_2 = 0, b'_2 = 0$ であれば，

$$F(\boldsymbol{x}) = \lambda_1\left(x' + \frac{b'_1}{\lambda_1}\right)^2 + c' = 0 \quad \left(c' = c - \frac{{b'_1}^2}{\lambda_1}\right)$$

となって，λ_1 や c' の値によって，平行 2 直線や重なった 2 直線を表す．

2 次曲面

$$F(x,y,z) = a_{11}x^2 + a_{22}y^2 + a_{33}z^2$$
$$+2a_{12}xy + 2a_{13}xz + 2a_{23}yz + 2b_1x + 2b_2y + 2b_3z + c = 0$$

の表す図形も

$$A = \begin{pmatrix} a_{11} & a_{12} & a_{13} \\ a_{12} & a_{22} & a_{23} \\ a_{13} & a_{23} & a_{33} \end{pmatrix}, \quad \boldsymbol{b} = \begin{pmatrix} b_1 \\ b_2 \\ b_3 \end{pmatrix}, \quad \boldsymbol{x} = \begin{pmatrix} x \\ y \\ z \end{pmatrix}$$

とおくと 2 次曲線と同様に，

$$F(\boldsymbol{x}) = {}^t\boldsymbol{x}A\boldsymbol{x} + 2{}^t\boldsymbol{b}\boldsymbol{x} + c = 0$$

と表すことができる．A の固有値 $\lambda_1, \lambda_2, \lambda_3$ の値によって，さまざまな曲面に分類される．

【例題 14】 2 次曲線 $7x^2 + 4xy + 4y^2 - 24 = 0$ の表す図形を調べてみる．

(解)　この 2 次曲線は x, y の 1 次の項を含まないので，

$$7x^2 + 4xy + 4y^2 - 24 = \begin{pmatrix} x & y \end{pmatrix} \begin{pmatrix} 7 & 2 \\ 2 & 4 \end{pmatrix} \begin{pmatrix} x \\ y \end{pmatrix} - 24 = 0$$

と表される．$A = \begin{pmatrix} 7 & 2 \\ 2 & 4 \end{pmatrix}$ の固有値は

$$|A - \lambda E| = \begin{vmatrix} 7-\lambda & 2 \\ 2 & 4-\lambda \end{vmatrix} = (8-\lambda)(3-\lambda) = 0$$

より，$\lambda = 8, 3$．おのおのの固有単位ベクトルを求めると，

$$\boldsymbol{n}_1 = \frac{1}{\sqrt{5}} \begin{pmatrix} 2 \\ 1 \end{pmatrix}, \quad \boldsymbol{n}_2 = \frac{1}{\sqrt{5}} \begin{pmatrix} -1 \\ 2 \end{pmatrix}$$

より，

$$P = \frac{1}{\sqrt{5}} \begin{pmatrix} 2 & -1 \\ 1 & 2 \end{pmatrix}$$

したがって，変換

$$\begin{pmatrix} x \\ y \end{pmatrix} = \frac{1}{\sqrt{5}} \begin{pmatrix} 2 & -1 \\ 1 & 2 \end{pmatrix} \begin{pmatrix} x' \\ y' \end{pmatrix}$$

によって，

$$8x'^2 + 3y'^2 - 24 = 0$$

すなわち，楕円

$$\frac{x'^2}{\sqrt{3}^2} + \frac{y'^2}{(2\sqrt{2})^2} = 1$$

を表している．□

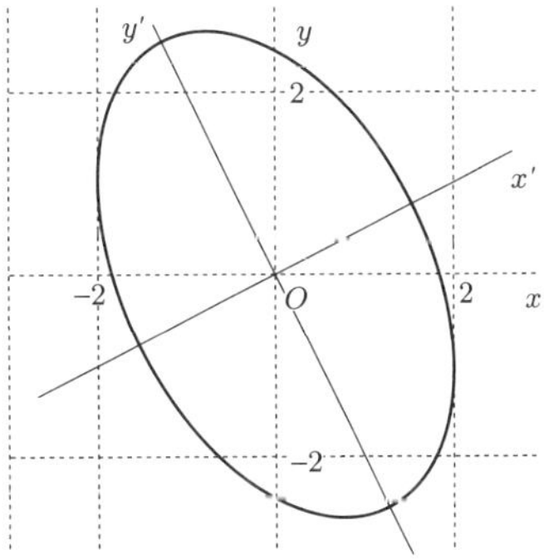

図 4.1

節末問題 4.6

次の2次曲線の表す図形は何か.

(1) $8x^2 + 4xy + 5y^2 - 36 = 0$

(2) $9x^2 - 6xy + y^2 - 12x + 4y - 5 = 0$

(3) $2x^2 + 4xy - y^2 - 20x - 8y + 32 = 0$

(4) $5x^2 + 2xy + 5y^2 - 2x - 10y - 7 = 0$

(5) $9x^2 + 24xy + 16y^2 - 26x + 7y - 34 = 0$

(6) $x^2 + 3xy + y^2 - 3x - 2y + 1 = 0$

(答) (1) $9x'^2 + 4y'^2 - 36 = 0$ (楕円) (2) $10x'^2 = 9 \Rightarrow x' = \pm\dfrac{3}{\sqrt{10}}$ (平行2直線) (3) $3x'^2 - 2y'^2 - 6 = 0$ (双曲線) (4) $3x'^2 + 2y'^2 - 6 = 0$ (楕円) (5) $y' = x'^2$ (放物線) (6) $5x'^2 - y'^2 = 0 \Rightarrow y' = \pm\sqrt{5}x'$ (交わる2直線)

章末問題 4

1. 次の行列の固有値と固有ベクトルを求めよ.

(1) $\begin{pmatrix} 1 & -1 \\ 4 & -3 \end{pmatrix}$ (2) $\begin{pmatrix} 3 & 1 \\ -4 & -1 \end{pmatrix}$ (3) $\begin{pmatrix} 0 & 0 & 1 \\ 0 & 1 & 0 \\ -1 & 3 & 2 \end{pmatrix}$

2. 次のことを示せ.

$$|A| = 0 \Longleftrightarrow A \text{ は固有値 } 0 \text{ をもつ}$$

3. 次の実対称行列を適当な直交行列 P で対角化せよ.

(1) $\begin{pmatrix} 1 & -2 & 0 \\ -2 & 2 & 2 \\ 0 & 2 & 3 \end{pmatrix}$ (2) $\begin{pmatrix} -1 & -2 & 1 \\ -2 & 2 & -2 \\ 1 & -2 & -1 \end{pmatrix}$

4. 次の 2 次形式を ${}^t\boldsymbol{x}A\boldsymbol{x}$ の形に表せ.

(1) $x^2 - 3y^2 + 2z^2 - 4xy + 6yz - 2zx$

(2) $x^2 - 2yz + y^2$

(3) $(x - z)(y - z)$

(答) **1**. (1) 固有値 -1(重解) 固有ベクトル $\begin{pmatrix} c \\ 2c \end{pmatrix}$

(2) 固有値 1(重解) 固有ベクトル $\begin{pmatrix} c \\ -2c \end{pmatrix}$

(3) 固有値 1 (3 重解) 固有ベクトル $\begin{pmatrix} c \\ 0 \\ c \end{pmatrix}$

2. $(\rightarrow)$ $|A| = |A - 0E| = 0$ $(\leftarrow)$ $|A - 0E| = |A| = 0$

3. (1) 固有値 5，2，-1 $P = \dfrac{1}{3}\begin{pmatrix} -1 & 2 & 2 \\ 2 & -1 & 2 \\ 2 & 2 & -1 \end{pmatrix}$

(2) 固有値 4，-2(重) $P = \dfrac{1}{\sqrt{6}}\begin{pmatrix} 1 & \sqrt{3} & \sqrt{2} \\ -2 & 0 & \sqrt{2} \\ 1 & -\sqrt{3} & \sqrt{2} \end{pmatrix}$

4. (1) ${}^t\boldsymbol{x}\begin{pmatrix} 1 & -2 & -1 \\ -2 & -3 & 3 \\ -1 & 3 & 2 \end{pmatrix}\boldsymbol{x}$ (2) ${}^t\boldsymbol{x}\begin{pmatrix} 1 & 0 & 0 \\ 0 & 1 & -1 \\ 0 & -1 & 0 \end{pmatrix}\boldsymbol{x}$

(3) ${}^t\boldsymbol{x}\begin{pmatrix} 0 & 1/2 & -1/2 \\ 1/2 & 0 & -1/2 \\ -1/2 & -1/2 & 1 \end{pmatrix}\boldsymbol{x}$

索　　引

ア 行

R 上のベクトル空間　92
1 次結合　74
1 次従属　75
1 次独立　75
1 次変換　100, 102
1 次変換を表す行列　101
上三角行列　9
x 軸に関する対称移動　100

カ 行

階数　63
回転移動　100
拡大係数行列　13, 67
奇置換　30
基底　95
逆行列　6
逆置換　28
行の基本変形　15
行ベクトル　1
行列　1
　——の基本変形　64
　——のスカラー倍　2
　——の積　2
　——の相等　1
　——の対角化　134
　——の和と差　2
行列式　31
偶置換　30
クラーメルの公式　58
係数行列　12, 67
交代行列　9
恒等置換　28
固有多項式　120
固有値　117
固有値ベクトル　117
固有方程式　120

サ 行

差積　30
サラスの法則　32
次元　95
自然基底　96
下三角行列　9
自明な解　59
主対角小行列式　155
シュミットの直交化法　89
小行列式　63
消去法　13
正規直交基底　109
正規直交系　87
正射影　87
正則行列　6
正値　153
　——な対称行列　153
成分　1
成分表示　95
正方行列　2

タ 行

対角行列 5
対角成分 5
対称行列 9
単位行列 5
置換 27
直交行列 9
直交変換 110
展開の公式 50
転置行列 4

ナ 行

内積 86
2 次形式 150
——の標準形 150

ハ 行

掃き出し法 13
半正値 153
半負値 153
表現行列 108
ファンデルモントの行列式 45
負値 153
不定符号 153
部分空間 93
ベクトル空間 92

ヤ 行

余因子 49
余因子行列 54

ラ 行

零行列 4
列の基本変形 15
列ベクトル 1

線形代数学 20 講　　定価はカバーに表示

2008 年 1 月 20 日　初版第 1 刷
2019 年 2 月　1 日　　　第19刷

編著者　数学・基礎教育研究会
発行者　朝　倉　誠　造
発行所　株式会社　朝　倉　書　店
東京都新宿区新小川町 6－29
郵 便 番 号　162－8707
電　話　03（3260）0141
FAX　03（3260）0180
http://www.asakura.co.jp

〈検印省略〉

Printed in Korea

ISBN 978-4-254-11096-8　C 3041